자식에 대한 사랑이 어떤 것인지 깊이 깨닫게 해주신
하늘에 계신 저의 아버지께 이 책을 바칩니다

내 생애 최고의 시간, 엄마를 시작합니다

전업맘의 집중 육아

백선주 지음

마음세상

들어가는 글

아이들을 10년 넘게 키우며 있었던 소소한 일상. 여기서 생긴 나의 육아 노하우와 팁을 글로 써서 기록으로 남기고 싶다는 생각은 오래전부터 있었다. 이유식 먹으며 장난치고, 걸음마 시도하며 넘어지던 유아시절이 엊그제 같은데 벌써 첫째 딸은 초등학교 졸업을 앞두고 있으니 놀랍기만 하다. 두 딸들 유아시절에 무심코 지나가는 일상이 아쉽기만 하고, 찬란하게 느껴져 육아일기를 매일같이 썼었다. 생명을 길러내는 일은 그 어떤 일보다 거룩한 일이라고 항상 생각했기 때문이다. 두 아이들의 행복을 위해 내가 엄마로서 할 수 있는 일은 과연 무엇일까를 늘 염두에 두고 살았다.

육아기간이 10년이 넘어서니 더 늦기 전에 육아 에세이를 쓰고 싶다는 생각이 불현듯 들었다. 그동안 살면서 가장 큰 배움을 얻은 것이 무엇이었을까를 떠올려보면 망설임 없이 육아였다고 말할 수 있기 때문이다. 육아는 나를 수양하는 공부의 현장이기도 했다. 지금까지의 내 인생에서 육아의 경험은 너무 강렬했기 때문에 감히 책을 쓰겠다는 용기도 낼 수 있었다. 육아의 경험을 글로 풀어 그 속에서 무엇을 배우고 무엇을 깨달았는지 사유해가며 새로운 나로 도약하는 경험을 맛보고 싶었다. 이제 막 엄마의 길을 걷기 시작한 초보엄마, 육아가 서툴고 어렵게 느껴지는 엄마, 혹은 오래전 나처럼 육아와 일 사이에서 고민 중인 엄마, 결혼을 준비 중인 예비엄마들에게 조금이라도 도움이 되고 싶은 마음이다. 그렇게 마음먹고 있던 어느 날 남편을 잠깐 카페로 불러냈다. 그날은 내가 외출을 하고 집으로 돌아오는 길이었고, 우리의 12번째 결혼기념일이기도 했다. 따뜻한 커피와 베이글을 앞에 두고 남편과 마주했다.

"나 아무래도 써야겠어. 내가 우리 아이들 키우며 있었던 일들 글로 써서 책으로 내고 싶어. 잘 쓸 수 있을까?"

"당연하지! 무조건 해봐! 내가 곁에서 팍팍 밀어줄게! 자기는 잘 할 수 있을 것 같아. 충분히 잘 쓸 테니, 열심히 해봐 백작가! 우리 나원이, 나연이를 책 마케팅 홍보대사로 맡게 하자!"

남편은 한 치의 망설임도 없이 잘 할 테니 해보라며 자기가 도와주겠다고, 팍팍 밀어준다고 했다. 책이 나오기도 훨씬 전부터 나를 백작가라고 부르며 나에게 엄청난 힘을 안겨주었다. 게다가 아이들을 마케팅 홍보대사로 밀자는 농담까지 덧붙이니 웃음이 절로 나왔다. 덕분에 난 우리 아이들이 평범한 아이들이고, 나 역시 그저 평범한 엄마이지만 책을 쓰겠다는 엄청난 용기를 낼 수 있었다.

그것이 시작이었다. 그리고 얼마 지나지 않아 코로나19 사태가 벌어졌다. 아무도 예상하지 못한 일이었다. 갑자기 닥쳐온 코로나19 바이러스는 학교수업을 전부 온라인 수업으로 전환시켰다. 매일매일 학교와 학원에 아이들 공부를 전적으로 맡겨온 부모들로서는 24시간 아이들과 보내야 하는 현실이 힘든 일상이 되어버렸다. 아이들의 삼시세끼를 해결해줘야 하는 문제도 힘들지만 아이들과 그 많은 시간을 어떻게 보내야 할지 난감해진 것이다.

사실 아이들 어려서부터 홈스쿨링도 고민해왔던 나로서는 매일 아이들과 먹고, 놀면서 틈틈이 책 읽고, 영어 영상을 보며 24시간 '껌딱지'처럼 붙어 지내는 일상이 힘들지 않았다. 코로나19 발생하기 한참 전부터 아이들과 함께 즐겁고 편안하게 보내온 덕분에 코로나19로 인해 등교하지 않는 아이들과 매일 붙어 지내는 것이 낯설지 않고 익숙하기까지 했다. 덕분에 어수선한 코로나19 시국임에도 오히려 외출이 자유롭지 않은 틈을 타 글을 쓸 수 있었다. 코로나19 전과 후가 크게 다르지 않은 우리 집 풍경 덕이었는데 그러다보니 어느 덧 책이 완성되었다.

엄마가 책을 쓰는 내내 학교 가는 대신 온라인 수업으로 묵묵히 자신들이 해야 할 공부와 탐구를 스스로 해온 딸들에게 무한히 감사하다. 진심으로 대견하고 기특하고 자랑스럽다.

이 책은 서툰 초보엄마였던 내가 치열한 육아 현장에서 좌충우돌 부딪히고 실패도 남발하지만 그 과정에서 깊은 깨달음과 행복을 얻은 경험을 나만의 언어로 쓴 이야기다. 처음 아이를 낳아 엄마가 되었을 때 아무것도 몰라 우왕좌왕 하던 내가 그저 아이에게 좋은 본보기가 되고자 게을리 하지 않았던 엄마공부 덕으로, 맑고 건강하게 자신의 빛깔대로 잘 자라준 두 딸의 성장기가 실려 있다. 아이들과 친구처럼 찐하게 놀며 매 순간 소통하고 서로를 존재 자체로 존중하며 지내온 덕분에 나 역시 아이들에게 알게 모르게 많은 것을 배울 수 있었다. 아이들의 성장이 곧 엄마의 성장으로도 이어질 수 있었던 것이다.

독일의 철학자이자 교육학자이며 세계 각국의 교육계에 지대한 영향을 끼친 헤르바르트는 "한 사람의 현모는 백 명의 교사에 필적한다."는 말을 남겼다.

어린 아이가 잘 자라기 위해서는 훌륭한 기관에 아이를 보낸다거나 훌륭한 선생님께 맡기기 보다는, 가장 최초의 스승인 엄마가 최초의 학교인 가정에서 아이를 돌보고 양육하는 일이 최고라고 믿으며 아이들과 지내왔다. 그러다보니 일상이 엄마공부로 채워질 수 있었다. 일상이 바뀌다보면 삶이 바뀌기 마련이다. 어느 덧 엄마 내공 10년이 훌쩍 넘었다.

부디 현명하고 슬기로운 엄마가 되기 위해 이 땅의 많은 초보 엄마들이 육아자체를 공부의 현장으로 삼아 삶에서 가장 큰 배움을 육아를 통해 경험하기를 진심으로 바란다.

책을 쓰는 내내 아이들과 밖으로 나가 땀 흘리며 온몸 불살라 놀아준, 20년 넘게 나와 가장 친하게 지내는 남편 김균홍에게 진심으로 감사하다고 말하고 싶다. 내가 잘하는 부분은 늘 아낌없는 응원으로 믿어주고, 내가 부족한 부분은 곁에서 부족함 없이 채워주려는 그런 고마운 남편이다.

아이들에겐 최고의 아빠이자, 나에겐 존경스러운 남편인 당신, 우리 앞으로도 서로 대화가 잘 통하는 사람으로 오래오래 친하게 지냅시다. 원고를 쓰는 내내 "엄마, 책 언제 다 써? 엄마랑 빨리 많이많이 놀고 싶다."했던 이 책의 주인공들이자 나를 성장하게 해준 소중한 딸들에게도 그동안 기다려줘서 진심으로 고맙다고 전하고 싶다. 그리고 항상 끝도 없는 자식사랑을 보여주시는 친정엄마, 편찮으신 몸으로 병원에 계신 와중 책이 나오기를 끝까지 기다려주시던 하늘에 계신 아버지께 깊은 감사를 전한다. 아버지는 나의 위대한 스승이시다. 책이 나오면 주변에 많이 홍보해주신다는 시어머니, 하늘에서 우리 손녀딸들을 잘 키우고 있구나하고 흐뭇하게 바라봐주실 고인이 되신 나의 시아버지, 같이 글 쓰며 늘 용기 불러 일으켜준 나의 소중한 쟈스민샘, 내 원고를 보고 책으로 나올 수 있게 도와주신 마음세상 출판사에도 모두 감사를 전한다. 끝으로 이 책과 만나게 될 독자 한 분 한 분께도 감사를 전하며 다양한 독자들을 만나러 모험을 시작하는 이 책에도 힘찬 박수를 보낸다.

제1장

어쩌다 엄마

우리를 찾아온 보물, 백설이

요즘은 연애 기간이 긴 청춘남녀를 잘 보질 못한다. 아니, 솔직히 연애 기간이 긴 건 고사하고 연애 자체도 잘 안하는 눈치다. 우연한 기회로 20 대중반인 청년에게 이런 이야기를 들었다. 요즘 젊은 커플은 연애 기간 중 자신이 마음을 내야 하는 일이 생기거나 정신적으로 신경써야 하는 일이 생기면 그것을 피하려고만 하는 경향이 있다고 한다. 상황에 직면해서 대면하고 해결해보려는 마음보다 그렇지 않은 마음이 더 커서 연애가 오래 가지 못하고, 결국 헤어지는 커플들이 많은 것 같다.

나의 경우는 좀 달랐다. 20대 때 나는 연애에 푸욱 빠져 지냈다. 어떻게 하면 더 재미있게 연애를 할까, 만나서 무슨 이야기를 나누고, 오늘은 나에 대해 어떤 걸 알려줄까 고민하며 지냈었던 기억이 난다. 연애에서 중요한 밀고 당기기 기술도 엄청 써먹었던 나. 지금 생각하면 그 기술 덕에 연애가 쉽게 끝나지 않고, 더 스펙터클하고 매우 흥미진진했던 것 같다. 연애 기간을 돌아봤을 때, 아이러니하게도 남자친구와 떨어져있던 2년 2개월이란 기억이 참 애틋함으로 남는다. 연애 기간 3년쯤 지났을 때 지금의 남편은 군대에 가게 되었다. 한없이 좋을 때 헤어지게 되니 당시 우리는 하염없이 아쉽기만 했다. 한동안 떨어져 지내려니 마냥 아쉬워, 우리 집 계단에서 서로 부둥켜안고 눈물콧물 쏟으며 몇 시간을 흐느껴 울었던지! 영영 돌아오지 않는 것도 아니고, 무슨 전쟁터에 나가는 것도 아닌데 당장 눈앞에 닥칠 2년이란 기간이 하염없이 길게만 느껴졌다. 돌아보면 참 풋풋한 추억이다.

　남자친구가 군대에 가 있는 동안 나는 대학을 졸업하고, 곧바로 대기업에 입사하게 되었다. 여성보다 남성비율이 전적으로 많았던 사내에서 내가 혹여 고무신 거꾸로 신지 않을까 매일 밤낮으로 불안했던지, 남자친구는 하루도 거르지 않고 내 핸드폰으로 전화를 걸어왔다. 그 당시 군대에서 전화는 병장의 전유물이었다고 하던데 이등병, 일병 때도 수시로 전화가 걸려오니 신기할 정도였다. 난 알게 모르게 감시 아닌 감시를 당한 거다. 어쩌다 회식이 있어 전화를 못 받기라도 한 날엔 다음날 남자친구 목소리가 평소와 달리 싸늘했다.

　사실 전화통화보다 이 기간 우리의 풋풋한 사랑을 이어준 것은 다름 아닌 편지였다. 서로의 소소한 일상을 담아 주고받았던 편지는, 우리를 더욱 애틋하게 만들어주었다. 재미있었던 사실은 2년 2개월의 기간 동안 계급별로 편지봉투의 색깔을 달리 해서 보냈던 거다. 예를 들면 이등병 때는 노란 편지봉투에만 넣어서 보냈고, 일병, 상병, 병장으로 계급이 올라갈 때마다 편지봉투 색깔을 바꿔가며 보냈다. 그 덕에 멀리서도 남자친구는 내 편지를 한눈에 알아봤다고 한다. 남자친구가 훈련병 때부터 제대할 때까지 서로 주고받은 편지는 우리 사랑의 매개체 역할을 톡톡히 해주었다. 남편은 군 제대 후 복학을 했고, 우리의 데이트는 한층 더 달달해졌다. 서로 떨어져 지낸 시간동안 나눈 편지와 전화덕분에 우린 서로에 대한 신뢰가 깊게 쌓여있었고, 물론 티격태격 싸울 때도 가끔 있었지만 상대에 대한 배려와 이해로 금방 풀어지기 일쑤였다. 그 사이 남자친구는 어엿한 직장인이 되어 첫 회사에 입사하기도 했다.

10년의 연애 끝에 우리는 결혼을 결심했다. 아홉수고 뭐고 서른을 넘기기 싫어 스물아홉이 막 되자마자 식을 올렸다. 그것도 24절기 중 때로는 대설도 내릴 만큼 한기가 강한 소한 무렵이었다. 아홉수도, 소한의 혹한 추위도 그 어떤 것도 우리 사랑을 막지 못했다.

결혼이 이렇게 재미있는지 미처 몰랐다. 대학교 MT온 듯 마냥 재미있고, 행복하기만 했다. 결혼 1년은 달콤한 신혼을 만끽하고 싶은 마음도 있었고, 맞벌이 부부이기도 했기에 아기는 천천히 갖자 라는 약속을 했었다. 주변도 한몫했다. 신혼도 없이 아기부터 덜컥 생겨 걱정하는 맞벌이 부부들을 보고 우리는 둘만의 오붓한 시간을 갖다가 2세 계획을 하자라고 뜻을 모은 것이다. 연애 기간이 길었음에도 불구하고 결혼 후 신혼생활은 연애 때와 크게 달라질 게 없었다. 물론 결혼 전엔 엄마가 해주시는 따뜻한 아침밥을 먹고 출근을 했다면, 결혼 후엔 출근준비와 아침식사 준비를 동시에 해야 했다. 바쁜 와중에도 어떻게든 남편의 아침식사는 챙겨야지 마음먹고, 둘이 같이 식탁에 앉아 끼니를 거르지 않고 출근했었다.

결혼준비로 살림장만을 할 때, 우리는 퇴근 후 텔레비전만 보지 말고, 책을 읽거나 신문을 보거나 서로 대화 시간을 갖자 라는 것에 의견이 일치돼 TV는 구입하지 않았다. 결혼생활 10년이 넘어서까지 집에 TV를 한 번도 놓지 않았다. (우리 집 TV 관련해선 할 얘기가 참 많다. 재작년까지도

TV가 없었는데, 아버지가 선물이라며 꼭 가져가라 하시기에 결국 작년 이사 날 첫 TV를 들이게 되었다. 신청하지 않아 공중파 방송도 나오지 않는 TV지만, 두 딸은 신이 났다. 외할아버지 덕분에 큰 화면으로 영화나 영어 DVD를 보게 되었기 때문이다. 외할아버지 최고라는 딸들을 보며 아버지가 주신 선물이 더욱 의미 깊어진다.)

신혼 집에 텔레비전은 없었으니 그 당시 우리 집엔 TV소리 대신 남편과 깨 볶는 소리만이 퍼져 나갔으리라. 어느 날 남편이 퇴근길에 보드게임을 하나 사왔다. 남편과 보드게임을 하는 날은 너무 재미있어서 시간 가는 줄 몰랐고, 한동안 그 보드게임에 푸욱 빠져 지냈다. 우리 둘 다 숫자를 좋아하는데 숫자를 가지고 하는 이 게임은 은근히 승부욕까지 불러일으켰다. 처음엔 재미삼아 했던 게임이 나중엔 내기까지 하며 열을 올렸다. '숫자에 빠른 나를 이긴다고?' 나는 남편한테 지기라도 하는 날엔 억울하고 자존심 상해 괜히 툴툴대기도 했다. 그래도 그때마다 항상 '허허허' 웃으면서 받아주는 마음 넓은 남편이다.

연애 때는 남자친구와 여행을 가고 싶어도 딸 다섯을 엄하게 키우신 아버지가 무서워 엄두가 나지 않았었다. 결혼을 하고 가장 좋았던 건 남편과 마음 편안하게 떠나는 여행이었다. 꿀처럼 그렇게 달콤할 수가 없었다. 특히 신혼여행으로 12시간 넘게 걸리며 떠났던 유럽여행은 잊지 못할 추억이다. 프랑스 파리의 레스토랑에서 남편과 와인을 마시며 옆에 앉은 다정한 노부부를 보면서 우리도 나이 먹고 노년이 되어도 저 부부처럼 서로를 아끼고 존중하는 마음 변치말자고 약속했었다. 또, 결혼하고 몇 개월 후에 떠난 제주여행도 생생할 만큼 아름다웠다. 출산 후에 아이들을 데리고도 제주도는 몇 번 다녀왔으나, 신혼 때 남편과 단둘이 떠났던 제주 여행이 내 기억 속에는 제일 아름다운 추억으로 남는다.

이렇게 달콤한 신혼을 아기자기하게 1년쯤 꾸려가고 있던 어느 날 시어머니가 전화로 대뜸 손주 얘기를 꺼내셨다. 지금은 고인이 되신 시아버지께서 손주를 은근히 기다리신다는 얘기였다. 결혼한 지 1년이 되어 가는데 왜 아들, 며느리가 아기를 가질 계획이 없는지 많이 궁금하셨던 거다. 어머님도 우리에게 부담주기 싫으셔서 말하기 어려우셨으리라. 어머님 전화를 받고부터 왠지 모르게 마음에 부담이 생기기 시작했다. 손주를 기다리시는 부모님들 마음도 이해는 가지만, 한편으론 이 달콤한 신혼을 조금 더 누리고 싶었기 때문이다.

'아직 우리에게 아기가 없어도 신혼의 재미가 꿀같이 달콤해 하루하루가 너무 행복한데 벌써 아기를 낳아야 하나?'머릿속이 복잡해졌다. 회사에 있을 때 일을 하면서도 왠지 모르게 마음의 부담감이 나를 누르고 있는 것 같았다. 결국 남편과 2세 계획에 대해 다시 상의 했다. 남편은 의외로 단순했다. 우리를 쏙 빼닮은 아기를 하루빨리 가졌으면 좋겠다는 거였다. 특히 나를 쏙 빼닮은 딸이었으면 좋겠다고 몇 번을 얘기하며 싱숭생숭한 내 마음은 전혀 이해 못하는 눈치였다. '아기를 낳는 것도, 아기에게 젖을 먹이고 키우는 것도 엄마의 몫이 대부분일 테니 나보다는 심각하지 않겠지.'속으로 생각했다.

어느 날 회사에 있는데 졸음이 쏟아지고 감기에 걸린 듯 몸이 으슬으슬 춥고 떨렸다. 기온이 뚝 떨어지고 일 년 중 밤이 가장 긴 동지 즈음이었다. 감기는 아닌 것 같은데 몸이 꼭 감기 걸린 거처럼 나른하고, 기운이 없고 피곤했다. 집에 오자마자 이런 내 모습을 보고 남편이 "혹시 임신 아닐까?"라며 기쁨 반 설렘 반하는 표정으로 약국에서 재빠르게 임신 테스트기를 사왔다. 테스트기를 건네주는 남편의 표정은 '제발 우리에게 아기를 주세요!'라는 표정이었다. 나는 덜덜 떨리는 손으로 테스트기를 받아, 심장이 요동치는 상태로 테스트를 해보았다. 나 역시 남편처럼 설렘으로 가득했다. 잠시 후, 테스트기에 서서히 줄이 생기더니 곧이어 선명한 두 줄이 보였다. 나는 욕실에서 나와 궁금해서 발 동동 구르고 있는 남편에게 소식을 전했다. 남편은 뛸 듯이 기뻐하며 믿기지 않는다는 듯 테스트기를 보고 또 보며 마냥 신기해했다. 내 뱃속에 새로운 생명이 자리 잡고 있다니 잘 믿기지 않았고, 내가 엄마가 된다니 꿈만 같고, 실감이 전혀 나지 않았다. 며칠 후, 남편과 함께 산부인과를 찾았다. 뱃속 아기의 존재를 확인하기 위해서였다. 우린 담당 선생님을 여의사 선생님으로 정하고, 임신 5주 3일째 되는 날 아기의 모습을 처음으로 직접 확인할 수 있었다. 너무 작아서 형태는 잘 보이지 않았지만 무척 신기했다. 아니, 신비로웠다는 말이 더 어울릴지 모른다. 남편은 집에 와서도 병원에서 준 아기영상이 담긴 CD를 몇 번을 반복해서 보고 또 보았다. 드디어 우리에게도 우리를 쏙 닮을 아기가 생기는구나란 생각에 가슴이 벅차오르고 충만했다.

집에 와서 가장 먼저 한 일은, 앞으로 아기에게 불러줄 태명을 짓는 일이었다. 아직 태어나지 않았지만, 뱃속에 있는 소중한 생명이니 엄마 아빠가 지어준 이름으로 불러주면 좋겠다는 생각에서였다. 이런 저런 태명 후보들 중 우리는 '백설이'라는 태명으로 정했다. 겨울에 찾아와 준 아기이기도 하고, 깨끗하고 맑고 하얀 의미이기도 했다. 마침 내 성도 백씨 성이다 보니 왠지 더 정겹게 느껴졌다. 남편은 내 배에 손을 얹고 "백설아, 백설아"를 부르며 예비아빠티를 팍팍 냈다.

출산 준비

    임신부는 임신초기부터 임신안정기까지 행동을 조심해야 한다는 사실을 알고 있었지만 출근할 때 지하철을 놓치지 않으려고 구두 신은채로 어쩔 수 없이 뛰어야했던 날도 있었다. 그런 날은 아기가 듣고 있을 꺼라 믿고 배를 쓰다듬으며 조용히 말했다. "백설아, 미안해. 엄마가 지금 회사 가는 시간인데 늦지 않으려고 뛰었어. 너도 많이 흔들렸지? 정말 미안해. 앞으로는 좀 더 천천히 다닐게."

    임신 후, 태교관련 책을 찾아보다가 태교가 태아의 성장에 많은 영향을 준다는 사실을 알게 되었다. 인터넷검색 창에 태교라는 단어를 검색하면 태교란 아이를 밴 여자가 태아에게 좋은 영향을 주기 위하여 마음을 바르게 하고 언행을 삼가는 일! 이라고 나온다. 그 당시 나 또한 태교를 위해 남편과 서점에서 동화책 몇 권과 클래식 음반을 사왔다. 회사에서 돌아와 저녁식사를 하고 난 뒤에는, 나보다 훨씬 저음인 남편의 목소리가 태아에게 더 안정감 있고 편안하게 들릴 것이라 믿고 남편에게 동화책을 읽어달라고 요청했다. 그때마다 남편은 한손은 내 배에 얹고, 다른 한손은 동화책을 넘겨가며 구연동화 하듯 꽤나 재미있게 태아에게 책을 읽어 주었다. 남편의 실감나는 연기는, 소소하지만 즐겁고 소중한 일상을 만들어주기에 충분했다. 나뿐만 아니라 남편도 백설이를 위해 최대한 노력해주고 있다는 사실에 매우 고마웠다.

일상의 많은 부분이 아기를 중심으로 흘러갔다. 평소 일하면서 마시던 커피도 끊었고, 직장동료들과 또는 남편과 가끔 마시던 맥주한잔도 마시지 않았다. 좋은 음식만 가려서 먹으려고 노력했고, 아기에게 좋지 않은 행동 또한 하지 않았다. 가끔 하던 파마나 염색도 태아에게 해가 될 수 있다고 하여 일절 삼갔다. 그러다보니 저절로 돈도 아끼게 되었고, 일상이 예전보다 심플해지는 느낌까지 들어 마음이 편안했다.

다행이 첫째 임신 때는 입덧도 심하지 않아 출근해서도 일할 때 별다른 어려움은 없었다. 동료 직원 중, 나와 같은 시기 임신한 직원이 있었는데 그 직원은 입덧이 너무 심해서 일할 때마다 고생이 이만저만 아니었다. 같은 임신부로서 옆에서 지켜보기 안쓰러울 정도였는데 그에 비해 난 입덧이 거의 없어서 백설이에게 저절로 고맙기까지 했다. 엄마가 회사 다니는 거 알고 이렇게 보탬을 주는 건가 싶은 생각도 들었다.

배가 점점 불러오면서 회사 유니폼도 임신부 유니폼으로 교체하여 입었다. 그동안 느꼈던 기분과 사뭇 달랐다. 언제 어디서나 아기와 함께 한다는 동질감에 내 마음가짐도 늘 단정하게 유지했다. 엄마 마음이 정서적으로 안정되고 편안하면 백설이도 건강하게 잘 자랄 것이라 믿고, 그것이 가장 중요한 태교라고 생각하며 즐거운 마음을 유지하는 것에 최대한 신경 썼다.

이런 날도 있었다. 임신 안정기에 접어들 즈음 남편과 정기적인 검사를 위해 산부인과를 찾은 어느 날이었다. 의사가 초음파로 양수검사를 하는데 양수가 조금 부족하다는 얘길 해주었다. 양수는 태아를 보호하고 있는 액체인데 부족할 경우 태아에게 위험할 수 있다고 했다. 걱정이 되어 우리 부부는 양수를 늘리려면 어떤 방법이 있을까 고민하다가 일단 평소에 물이나 액체종류를 좀 더 신경 써서 마셔야겠다고 마음먹었다. 그 후 우연한 기회에 남편이 맛집을 알아냈다며 남양주 쪽에 있는 어느 순두부집을 데리고 갔다. 그곳에서 순두부를 먹고 몇 주 후에 병원을 찾았다. 우연인지 모르겠지만, 의사선생님은 양수가 늘었다고 했다. 그 뒤로 우린 그곳을 단골집으로 삼았다. 양수가 줄었다고 할 때마다 남양주까지 가서 순두부를 먹고 왔으며 먹고 나서 병원을 찾으면 다시 양수가 신기하게 늘어있었다. 담당 의사에게 순두부 이야기를 했더니 의사도 신기해하며 우스갯소리로 "그 순두부집 자주 다니셔야겠네요."라고 말했다. 그런 일이 있고부턴 출산 때까지 양수로 인한 걱정은 없었다는 게 아직도 미스터리다. 남편과 나는 주변의 지인들 중 임신부가 양수문제로 걱정하는 모습을 보게 되면 우리의 순두부집 경험담부터 들려주곤 한다.

출산 3개월을 앞두고는, 회사에 휴직신청을 했다. 사실 직원들 중 임신 막달까지 일하고 들어가는 언니들도 많았다. 나 역시 육아휴직을 최대한 늦게 낼까 생각도 해보았지만 배우고 싶었던 것이 있었다. 바로 태교요가! 집 근처 가까운 곳에 임신부들을 대상으로 안전한 자연분만과 태아의 건강한 출산을 위해 태교요가를 배울 수 있는 곳이 있었다. 보자마자 태교요가를 바로 신청했고, 출산 3개월을 앞둔 어느 날 직장 상사분께 출산 때까지 운동을 위해 휴직을 하고 싶다고 말씀드렸다. 평소 늘 따뜻하게 대해주셨던 상사분은 일도 물론 중요하지만 뱃속의 아기가 더 중요하니 그러라며 내 뜻을 흔쾌히 받아주셨다. 그렇게 난 육아휴직에 들어갔다.

나는 신청한 태교요가를 열심히 다니며 아이와 한 몸이 되어 운동에 적극적으로 임했다. 운동을 하고 나면 몸도 마음도 한결 가벼워짐을 느꼈고, 건강에만 좋은 것이 아니라 보다 평온한 마음을 유지하는 것에도 큰 도움이 되었다. 나처럼 임신부들만 모아 놓고 태교요가를 하는 수업이었기에 더 편안하게 느껴지기도 했다. 나는 출산이 다가 올 때까지 태교요가뿐 아니라 문화센터에서 하는 요리, 오가닉 아가용품 만들기, 장난감 만들기 등의 수업을 들으며 백설이와 함께 즐거운 배움의 시간을 가졌다. 직접 만든 아가용품들이 집안에 점점 늘어날수록 백설이의 존재감도 더 크게 와 닿았다. (당시에 만들었던 아가용품들은 워낙 정성을 들여 만들었던 터라 아이들이 초등학생이 된 지금까지도 갖고 있다. 남편은 농담반 진담반으로 우리 아이들이 나중에 결혼하고 아기를 낳으면 그 아이에게 물려주라나.)

남편 출근시킨 고요한 평일 오전. 소파에 앉아 백설이에게 말을 걸면, 발이나 손으로 내 배를 꾸욱 눌러 어느 한쪽이 불쑥 튀어나오던 상황을 여전히 잊지 못한다. 아기가 내 말을 듣고 반응하는 것 같아 신기한 마음에 신나서 더 말 걸던 기억이 난다. 배를 쓰다듬거나 어루만지며 말을 걸어도 엄마 목소리를 아는지 발을 뻥뻥 차며 알아듣고 있다고 대답하는 거 같았다. 휴직하고 혼자 있는 이 시간이 백설이에게 제대로 말 걸고, 집중할 수 있는 귀한 시간이었다. 태교를 위해 클래식뿐 아니라 평소 내가 좋아하던 음악도 챙겨들었다. 동화책도 읽어주며 아기에게 많은 이야기를 들려주던 그 순간들이 나에겐 행복 그 자체였다. 백설이는 내 몸 일부였고, 나와 아기 사이의 커뮤니케이션은 시간이 흐를수록 더 깊은 믿음을 갖게 해주었다. 귀한 생명이 내 뱃속에서 꿈틀대고 있는 사실, 그 자체로 축복이었고 경이로운 일이었다.

우주적 창조에 동참한 나

출산일이 임박해질수록 묵직했던 배가 점점 아래로 내려오는 느낌이 들었고, 몸도 날이 갈수록 무겁게 느껴졌다. 출산 예정일은 8월의 마지막 날이었다. 날짜가 다가올수록 겁도 나고 불안하고 떨리기 시작했다. 늘 편안한 마음상태를 유지하려고 노력했지만 출산의 고통에 대해 친정언니들을 통해서 익히 들어 왔던 터라 예정일이 임박해올수록 긴장되고 떨렸다. 열달 동안 조심조심 몸에 품고 다니던 백설이와 만나는 그 순간은 분명 경이롭고 그 무엇보다 축복의 순간임은 아무도 부인할 수 없을 것이다. 그러나 나를 포함해 첫 아이를 출산하는 모든 예비 엄마들 마음은 아마 비슷하지 않을까 싶다. 설레는 반면 걱정이 앞서는 이 혼란스러운 마음 말이다.

출산예정일이었던 당일 몸이 이상함을 감지한 나는 산부인과를 찾았다. 내 담당 주치의는 양수가 터졌으니 짐을 챙겨 얼른 입원하라고 말했다. 남편에게 이 사실을 알렸고, 부모님들께도 연락드렸다. 몇 가지 옷들과 출산 시 필요한 용품 그리고 세면도구 등 미리 챙겨놓았던 가방을 들고 병원에 입원했다. 시어머니와 둘째 언니가 제일 먼저 병원으로 와주었다. 저녁6 시쯤 담당 의사가 나에게 와서는 혹시 무통주사를 맞을 건지 물어보았다. 난 그 당시 어떤 용기에서였는지 모르겠지만 괜찮다고 자신감 있게 말하며 무통주사 없이 출산하겠다고 거절했다. 내 말에 의아하다는 듯 "아마 엄청 힘들 텐데, 맞는 게 좋을 텐데 후회안하죠?"

의사의 말에 난 갑자기 겁이 털컥 났다.

출산고통을 어떻게든 견뎌보겠다던 내 마음은 왠지 모르게 쪼그라들면서 두려움도 밀려오고 긴장도 됐다. 하지만 당시엔 뭐든지 자연스러운 게 제일 좋은 거라고 믿었다. 아기도 때가 되면 밖으로 나오려고 안간힘을 쓸 것이며 노력 할 것이니 그때 느끼는 출산 시 고통을 최대한 자연스럽게 맞이하겠다고 굳게 다짐했다. 그렇다. 나는 자연주의 출산을 하고 싶었던 것 같다. 그렇다고 친정엄마처럼 조산사를 집으로 불러 낳는 거까지는 아니지만 최대한 자연스레 외부의 어떠한 조건 없이 낳고 싶었고, 그에 따르는 출산의 고통 또한 오롯이 견뎌내고 싶었다.

이것이 산모와 아기에게 가장 건강한 자연스러운 출산과정이라고 믿었다. 그동안 임신부 요가도 꾸준히 해왔고, 남편과 함께 출산과정에 대한 교육도 자세히 들었기에 수월히 잘 해낼 수 있을 것이라 믿었다. 결국 무통주사는 끝내 맞지 않았다.

밤 9시. 그동안은 통증이 별로 없었는데 갑자기 9시부터 배가 살살 아파 오기 시작했다. 남편도 곁에 있었다. 시어머니와 친정언니에게는 아기를 낳으면 연락하겠다고 하고 인사를 나눴다. 자정이 다 되어서까지 주기적으로 배가 아프기 시작했다. 처음 느껴보는 낯선 통증에 당황스러웠다. 그리고 새벽1시. 깜빡깜빡 졸고 있던 남편은, 내가 심하게 아파서 일어났다 앉았다 반복하며 어쩔 줄 몰라 하는 모습에 번쩍 잠에서 깼다. 남편도 상황이 심각하다고 느꼈는지 자리에서 벌떡 일어나 내손을 꼭 잡고 어쩔 줄 몰라 했다.

새벽 2시가 되어가고 진통의 주기가 급격히 빨라졌음을 느꼈다. 방금 전보다 더 빠른 속도로 거세게 내 배에 무언가가 휘몰아치고 있는 느낌이었다. 그것은 내 힘으로 도저히 멈출 수 있거나 조절할 수 있는 상황이 절대 아니었다. 당장이라도 아기가 나올 것만 같았다. 나는 남편에게 도저히 못 참겠다고 말하며 간호사를 빨리 불러 달라고 반복했다. 간호사는 내 자리로 와서 한번 보고는 조금 더 진통 간격이 짧아져야한다며 기다려야 한다고 했다. 이 휘몰아치는 거센 통증 앞에 담당 주치의가 말했던 "무통 주사를 안 맞으면 후회할 텐데."가 떠올랐다. 꿋꿋하게 맞지 않겠다고 했던 내가 거친 통증 앞에선 무력해졌다. 남편은 간호사에게 혹시 지금이라도 무통주사를 맞을 수 있는지 물어보았다. 안타깝게도 마취과의사들이 다 퇴근해서 새벽시간인 지금은 맞을 수 없다고 했다. 통증은 말로 표현하기 힘든 고통이었다. 진통이 거세게 오면 남편 손을 으스러지게 꼭 붙잡고선 "쓰으읍, 으으윽.."을 소리 낼 뿐이었다. 통증이 너무 심해서 호흡하기조차 힘들었다. 간호사는 남편에게 아내가 통증으로 숨을 잘 못 쉬면 태아에게도 좋지 않으니 옆에서 같이 호흡해주길 당부했다. 남편은 계속 내 손을 꼭 잡고 같이 호흡하며 고통을 함께 나누려고 애썼다. 남편이 곁에 있다는 것만으로도 큰 힘이 됐다. 나는 남편과 서로 박자를 맞춰가며 호흡에 신경을 썼고, 그 무엇과도 비교할 수 없는 힘든 통증이지만 백설이를 위해 조금만 더 힘내자고 스스로에게 계속 말을 걸었다. 호흡을 느끼기 위해 눈을 살며시 감았다. 견디기 힘든 통증을 애써 조금이라도 덜 느끼려고 잔잔한 바다를 떠올려보았다. 그때였다. 마치 내가 다른 세계로 들어온 느낌이었다. 넓고 평온한 바닷가를 떠올리니 신기하게도 통증이 가라앉으며 나도 모르게 입가에 살며시 미소가 지어졌다. 내게는 신선하고 색다른 경험이었다. 출산의 고통을 겪는 중임에도 눈을 감자마자, 내가 마음으로 보고 느끼고 접속했던 그 자유로운 세계는 대체 무엇이었는지, 그때를 떠올리면 여전히 경이롭기만 하다.

나중에 남편에게 들은 이야기로는 내가 고통스러워하다가 갑자기 미소를 지으며 웃어서 내 아내가 심한 통증으로 인해 혹시 정신 줄을 놓은 건가 엄청 걱정했었다고 한다. 하긴 나 같아도 이상하게 여길 노릇이다. 한참을 통증으로 울다가 눈감고 뜬금없이 미소를 지었으니 그 모습을 지켜보는 남편 입장에서는 얼마나 정신나가보였을까. 그럼에도 손 꼭 붙잡고 같이 호흡해준 남편에게는 살면서 두고두고 고마웠다. 남편의 지속적인 배려와 지지덕분에 끝까지 힘을 낼 수 있었으니까 말이다. 그렇게 새벽3시가 넘어서야 드디어 분만실로 옮겨졌고, 분만실로 옮긴지 한 시간쯤 지나서 세상 무엇과도 바꿀 수 없는 소중한 보물1호 우리의 첫딸을 낳았다.

9월의 첫날 새벽시간이었다. 전날 밤 9시부터 7시간 넘게 통증을 겪고, 다음날 새벽 나에게 와준 우리 아기, 백설이! "응애"하며 세상 밖으로 처음 터져 나오는 내 딸의 울음소리는 힘들었던 분만과정이 드디어 끝났다는 알람소리 같았다. 온몸은 땀으로 흠뻑 젖어있었고, 팔다리에 힘이 풀리고, 내 몸 전체의 기운이 쏘옥 빠져나간 기분이었다.

남편은 장모님이 새벽에라도 꼭 무조건 전화하라고 했다며 친정엄마에게 제일 먼저 출산의 기쁨을 알렸다. 엄마는 동이 트기도 전인 그 어두운 새벽에 부리나케 병원으로 달려오셨다. 당신의 막내딸이 막내딸의 딸 낳느라 너무 고생 많았다는 말을 전해주기 위해서였다. 엄마의 끝없고 무한한 사랑을 더없이 확인한 순간이었다. 어둠속을 뚫고 버선발로 뛰어오신 우리 엄마. 엄마가 나를 보자마자 "우리 딸, 엄청 힘들었지? 너무 고생 많았어!" 하시는데 속으로 '우리 엄마도 나를 이렇게나 힘들게 배 아파 낳은 거였네.'란 생각에 눈물이 주르륵 흘렀다. 엄마 손을 꼬옥 잡았다. 엄마와 나 사이에 그토록 따뜻한 온기가 전해졌다.

신생아실에서 목욕을 깨끗이 하고 하얀 속싸개에 쌓여 나온 내 예쁜 첫딸에게 나는 한눈에 반했다. 똘망똘망한 눈빛으로 나를 빤히 쳐다보는데 하늘에서 내려온 천사나 다름없었다. 나와 남편 그리고 친정엄마 이렇게 셋이 있는 자리에서 딸은 한참동안 나에게만 시선이 고정되어 있었다. 아마 뱃속에 있을 때부터 다정히 들려주던 내 목소리 때문이리라 생각했다. 친정엄마와 남편은 백설이가 태어나자마자 자기 엄마를 알아본다며 그저 신기해했다. 또렷하고 평온한 표정으로 나를 쳐다보며 초롱초롱 빛나던 첫째의 그 눈빛은, 분만으로 힘들었던 7시간 이상을 눈 녹듯 사라지게 하기에 충분히 반짝거렸다.

4년의 육아휴직

돌이켜보면 육아휴직전인 20대 때는 직장에 입사한 이래 정말 정신없이 앞만 보며 달려온 것 같다. 대학졸업을 하자마자 빨리 안정적인 대기업에 입사하고 싶었고, 남들보다 빨리 승진하고 싶었으며 돈도 남들보다 빨리 벌어 많이 모으고만 싶었다. 마치 고속도로에서 앞만 보며 전력질주 하는 자동차처럼!

그에 반면 육아휴직을 내고부턴 100킬로미터로 달리던 고속도로를 30킬로미터로 서행하듯 느리게 살았다. 내 나이 서른 살에 육아휴직을 냈으니 서른 살부터는 직장에 다닐 때보다 훨씬 여유 있게 천천히 느리게 살아온 느낌이다. 아마 첫째가 태어나고부터 더 그러려고 마음먹었던 탓도 있다. 서두르고 싶지 않았다. 매 순간 아이의 동작 하나하나에 말 걸어주고, 눈빛과 옹알이에 대답해주려면 엄마가 조금 더 느리게 천천히 지내야 한다고 생각했다.

첫째아이를 출산 한 뒤 병원에서 2박3일, 조리원에서 2주 동안을 보냈다. 조리원에서 지내는 동안 남편과 나는 첫째 딸 이름을 나원이라 짓기로 했다. 가까운 친정집으로 가기 위해 조리원에서 퇴원하던 날, 엘리베이터 안에서 나원이를 겉싸개에 감싸 안고 있던 간호사가 우리부부를 보고 말했다.

"제가 병원에 근무한 이래 이렇게 예쁜 아가는 처음 봐요. 신생아가 너무 예뻐요~~."

그 말을 듣고 난 신기해서 되물었다.

"그래요? 정말요? 저는 신생아들은 다 비슷비슷하게 생긴 줄 알았는데 간호사님이 보시기에 그런가요?"

"그럼요~ 신생아라도 얼마나 제각각 다른데요. 전 그동안 수없이 신생아들과 만나고 헤어졌지만 이렇게 예쁜 아가는 처음이에요."하며 미소 지으셨다.

간호사의 그 말이 마치 나에게는 '이 아기만의 고유한 빛깔이 있으니 자라면서도 이 아기의 고유한 빛깔을 잃지 않도록 건강하고 행복하게 잘 키우세요!'라고 들렸다. 겉싸개에 포옥 싸인 나원이는 나를 보며 해맑게 미소 짓고 있었다. 그 표정이 너무 평온하고 맑아서 한없이 소중하게 느껴졌다. 그때 처음 스스로에게 다짐한 것 같다. 보석같이 빛나는 이 아기만의 고유한 빛깔을 잃지 않도록 정말 행복하게 잘 키워야겠다고! 간호사에게 감사하다고 인사를 한 뒤 나원이를 안고 친정집으로 향했다.

이 세상 모든 엄마들이 그렇듯 처음 엄마가 되면 모든 행동 하나하나가 낯설게 느껴진다. 나 역시 아기를 목욕시키려고 목욕물을 받고 준비 하는 과정부터 매우 낯설었다. 어쩌면 낯설기 때문에 더 설레고, 두근거렸는지도 모른다. 병원에서 간호사가 얘기해주긴 했지만 목욕물의 온도를 어느 정도로 해야 하는지, 작은 아기를 혹시라도 씻기다가 미끄러져 놓치기라도 하면 어쩌나, 모든 게 다 어렵고 두렵게 느껴졌다. 다행히 딸을 다섯이나 키워낸 베테랑 친정엄마가 계셨고, 조카를 키운 친정언니가 도와주러 친정집으로 와주었다. 엄마와 언니 덕에 어렵지 않게 아기목욕부터 배울 수 있었다. 출산 전 입원했을 때, 제일먼저 달려와 준 친정언니였다. 팔걷어 부치고 이것저것 도와준 둘째언니에게 그때를 떠올릴 때마다 참 고맙다. 친정엄마와 둘째언니는 산후조리 내내 정말 많은 도움을 주었다. 한 달 정도 친정집에서 산후조리를 하고, 세 식구가 되어 신혼집으로 돌아왔다. 처음 집에 들어서자마자 딸에게 말해주었다.

"나원아~ 여기가 너희 집이란다. 이제부터 엄마, 아빠랑 나원이가 이곳에서 생활하게 될 거야."

짐작건대, 나원이에겐 우리집이 우주와 같았을 것이고, 자기를 안고 있는 엄마아빠가 유일하게 믿고 의지할 절대 존재자로 느껴졌을 것이다.

나는 집에 오자마자 출산 전 미리 준비해두었던 아기침대에 나원이를 눕히고, 손수 만들었던 흑백모빌을 걸어주었다. 신생아는 4개월 무렵부터 서서히 컬러를 구분할 수 있다고 한다. 그래서 나는 흑백모빌과 컬러모빌 두 가지를 미리 만들어놓았다. 나원이는 반짝이는 눈으로 움직이는 흑백모빌을 바라보더니, 시선을 모빌의 움직임에 따라 서서히 이동하기 시작했다. 아직 생후 두 달이 채 안된 아기지만 호기심 가득한 눈빛으로 모빌 하나하나에 시선이 움직이며 반응하는 것이 마냥 신기했다. 모빌은 아기의 시각발달에도 좋은 자극이 될 수 있을 뿐만 아니라 이러한 자극들이 아기의 뇌 발달에도 영향을 준다고 한다. 나원이의 반응을 보니 뇌 발달을 위해 보다 다양한 자극을 주고 싶어졌다.

그러던 어느 날 모유수유 후 트림까지 시키고 기분 좋아진 나원이를 아기침대에 눕혀놓았다. 배부르고 기분 좋아진 표정으로 나원인 나를 뚫어져라 바라보며 눈을 말똥말똥 뜨고 있었다. 기회를 놓칠세라! 나원이에게 보다 새로운 자극을 주고자 언니들에게 물려받은 글씨 없는 흑백그림책 몇 권을 보여주었다. 나원이 반응은 나를 놀라게 했다. 그림 하나하나 내 손으로 짚어가며 이야기해주고 있는데 팔다리를 크게 휘저으며 집중해서 보고 있는 게 아닌가! 모빌을 볼 때처럼 호기심 가득한 눈빛이었다. 몇 날 며칠 동안 그림책들을 반복하고 반복하며 나원이에게 보여주었더니 나원인 그때마다 온몸으로 반응하며 무척 좋아했다.

뱃속에서부터 같이 호흡하며 열 달 동안 함께 지내다가 배 아파 낳은 아기와 24시간 함께하고 있으니 난 어느새 엄마가 되어 있었다. 그 사이 나원이는 100일을 맞았다. 온 식구들은 100일 동안 아프지 않고 건강하게 자라준 나원이를 축하해주기도 했고, 나원이 100일 동안 키우느라 애썼다며 우리 부부에 대한 격려도 아끼지 않았다. 그렇게 나원이는 하루하루 가족들 보살핌과 사랑 속에서 무럭무럭 자라주었다. 나는 내가 직장인이었다는 사실을 까마득히 잊은 채 나원이를 키우는 재미에 흠뻑 빠져 지냈다.

나원이가 이유식을 먹기 전까진 기저귀 갈아주고 모유 수유하고 동요를 불러주거나 틈틈이 그림책을 보여주며 말 걸어주고, 졸려하면 안고 등을 토닥이며 자장가 들려주고, 저녁엔 퇴근한 남편과 같이 목욕 시키는 일이 나의 일상이었다. 나원이가 잠을 자려고 하지 않을 때에는 나원이도 다 알아 듣겠지 라고 믿고 실컷 나원이에게 말을 걸고 이야기를 들려주었다. 어느 날은 나원이가 마치 대답이라도 하듯 옹알옹알 한참을 길고 끊임 없이 떠들기도 했다. 멈춤 없이 얼마나 오랫동안 옹알이 하던지 옆에 있던 남편도 깜짝 놀라서

"어머 나원이 얘기하네?"하면서 무척이나 신기해했다. 아이와 자주 눈맞춤하는 엄마를 위해 긴 옹알이로 보답이라도 해주는 듯 느껴졌다. 만약 남편이 보지 못했으면 나는 거짓말하는 고슴도치 엄마가 되었을지도 모른다. 그 즈음 나는 나원이가 신기한 행동을 하거나 천재와 같은 반응을 보일 때마다 회사에 있는 남편에게 전화 걸어 호들갑을 떨며 입에 침이 마르듯 나원이 자랑을 했었다. 남편도 실제로 나원이가 옹알옹알 그렇게 오랜 시간 떠들어대는 장면을 직접 목격하고부턴 나원이를 신통방통 똘똘이로 여기게 되었다.

나원이가 이유식을 먹기 시작한 생후 6개월부터는 이유식을 직접 만드느라 더 정신없이 바빠졌다. 내 주변에는 나처럼 이유식을 직접 만들어 먹이는 엄마들도 있었지만, 편하게 사서 먹이는 엄마들도 많았다. 나는 아무리 좋다는 이유식이라 해도 시중에 판매하는 이유식은 도무지 믿음이 가지 않았다. 시판이유식은 어떻게 만들어졌는지 직접 눈으로 확인한 게 아니니 사고 싶은 마음이 없었다. 유기농 야채들을 사서 깨끗이 씻은 뒤 삶고 찌고 갈아놓은 쌀과 함께 푸욱 끓이는 일은, 몸은 고돼도 내 아이가 건강하게 자랄 것이란 믿음에 뿌듯하기만 했다. 다행히 엄마의 정성가득 이

유식을 나원이는 맛있게 먹는 걸로 보답해주었다. 6개월 정도 꾸준히 야채들을 골고루 섞어 이유식을 만들어 먹인 덕분인지 나원인 돌이 지나 밥도 정말 잘 먹었다. 영유아 건강검진을 받으러 갈 때마다 모든 발달 면에서 건강하게 두루두루 잘 발달하고 있다는 의사의 말에 더 이상 바랄 게 없었다.

나원이는 돌이 되기 전부터 걷기 시작했다. 보통은 돌 무렵부터 걷거나 돌이 지나고 한참 후에 걷는 아이들도 많은 것에 비하면 좀 빨리 걷기 시작한 편이었다. 걷게 된 것이 신기했는지 걸을 수 있게 되자 갑자기 빠른 속도로 뛰려고 했던 나원이! 남편과 나는 그 모습에 한참을 웃었다. 마음이 급했나보다. 100일 무렵 혼자서 온 힘을 다해 뒤집기를 했던 아기가 어느 날 기어 다니기 시작하고, 그러다 혼자서 앉을 수 있게 되고, 얼마 후엔 서서 걸을 수 있기까지! 그 모습을 단계별로 지켜보던 나로선 참 신비롭고 경이로웠다. 그러면서 한편으로는 나원이 곁에서 기다려주고, 독려해주고, 잘했다고 쓰다듬어주고, 박수쳐주는 나의 행동들이 마치 소중한 씨앗에 물을 주고, 햇볕을 쐬어주고, 기다려주는 역할과 같다고 생각했다. 이런 생각으로 인해 나원이의 성장을 바라보는 것에 더욱 집중하고 몰입할 수 있었다.

나는 나원이를 출산한 직후부터 24시간 밀착하여 매 순간 나원이를 따뜻하게 안아주고, 요구사항을 제때에 파악하여 반응해주며 안전한 애착 관계를 형성해 나아가고 있었다. 나원이가 내 품에서 자신은 매우 안전하다고 느끼게 해주고 싶었고, 엄마의 따뜻한 스킨십을 통해 사랑을 듬뿍 받고 있음을 느끼게 해주고 싶었다.

그러던 어느 날 문득 달력을 보고 앗! 복직할 날이 성큼 눈앞에 다가온 것을 확인했다. '어떻게 두 돌도 안 된 어린 아가를 누구한테 맡기고 출근을 하지?' 순간 앞이 캄캄하고 아무것도 손에 잡히지 않았다. 매일 저녁 나원이를 재운 뒤 남편에게 내 불안을 드러내며 마음 아파했다. 답이 없었다. 2년 전 회사에 육아휴직 신청서를 낼 당시만 해도 지금의 이 복잡한 심정을 상상조차 하지 못했다. 휴직기간이 끝나면 어떻게든 나는 당연히 회사에 복귀할 거라고 생각하고 있었다. 대기업 정규직을 쉽사리 내려놓기가 그토록 어려운 이유가 뭐였을까? 내 나이 32살이었다. 아직 한창 돈을 벌 나이라고 생각했는데 막상 아이가 생기니 나를 이 세상 전부라고 생각하는 내 아이만 보였다. 나원이랑 놀다가도 복직할 생각만 하면 나원이가 안쓰러워 눈물부터 나왔다. 결국 이런 심란한 내 마음을 회사언니한테 털어놓게 되었다. 언니는 직원들 자녀만 보낼 수 있는 사내 어린이집이 있으니 한번 알아보라고 권했다. 시설도 괜찮고 무엇보다 아이들 먹거리도 유기농으로 신경 써서 먹이는 곳이고, 위생과 안전에 각별한 신경을 쓰는 곳이라고 했다. 다른 어린이집보다 환경이 훨씬 나아보였다. 처음에 나는 나원이에게 뭐라고 설명해야할지 막막했다. 이제 막 18개월에 접어든 나원이에게 물어보았다.

"나원아, 엄마 이제 은행 다시 나가서 일해야 하는데 우리 나원이 선생님하고 친구들과 어린이집에서 엄마, 아빠 올 때까지 놀 수 있겠어?" 나원이의 반응은 의외였다.

"응!"하고 고개를 끄덕이는 게 아닌가? 예상 밖의 대답에 놀라 나원이를 쳐다보니 장난감으로 노는 중이라 사태의 심각성을 전혀 모르는 눈치였다. 나는 회사언니한테 전해들은 사내 어린이집 원장님과 전화통화후 나원이를 데리고 그곳에 직접 방문해보았다. 언니한테 듣던 대로 원장님을 비롯하여 다른 선생님들도 모두 친절하고 환경도 마음에 들었다. 나원이 마음은 어떤지 나는 나원이 눈빛만 살폈다. 나원이는 처음에 낯설어 하더니 선생님들이 상냥하고 친절하게 대하자 차츰 적응하기 시작했다. 처음 보는 장난감들에 호기심을 보였고, 또래 친구들에게도 관심을 보였다. 그곳은 2달간 아이가 잘 적응할 수 있도록 엄마가 동행하여 아이와 시간을 같이 보내다 서서히 엄마와 함께 있는 시간을 줄여나가는 곳이기도 했다. 그 방침이 마음에 쏙 들어 결국 우리는 등원을 결정했다. 나원인 나와 매일아침 은행 어린이집으로 방문하여 선생님과 친구들과 즐겁게 지내다 함께 집으로 돌아왔다. 그렇게 사내 어린이집에 나원이를 적응시키며 복직을 조금씩 준비하고 있었다.

적응기간이 한 달쯤 남아있을 때였다. 그날도 어김없이 아이 노는 모습을 바라보다 잠시 후 엄마와 다시 만날 것을 약속한 뒤 밖으로 나와 나원이를 기다리고 있었다. 그리고 1시간도 채 안되어 어린이집으로부터 걸려온 전화를 받았다. 나원이가 엄마를 애타게 찾으며 펑펑 울고 있다고, 빨리 와달라는 전화였다. 나는 부리나케 달려갔다. 어린이집에 있던 나원이는 담임선생님 품에 안겨있었고, 너무 많이 울어 눈은 퉁퉁 부어있었다. 나원인 나를 보자마자 불안했던 마음이 가라앉는 듯 보였다. 문득 나원이 돌 무렵 때 읽은 육아서가 생각났다. 만 3세 이하의 아이들이 필요로 하는 것은 오직 한가지라고! 그것은 자신만의 특별한 누군가가 자신만을 보살펴주는 것이라는 사실.

이 일이 있고부턴 복직이 더 망설여지고 마음이 돌덩이처럼 무겁게만 느껴졌다. 아무리 훌륭한 어린이집이라고 해도 해결책이 아니었고, 결코 내 마음이 가벼워지지 않았다.

　그러던 중 나는 운명처럼 둘째의 임신사실을 알게 되었다. 정말 기적 같은 일이었고, 무엇보다 나원이의 성장에 가장 중요한 이 시기를 보육시설에 오랜 시간 맡기지 않아도 된다는 사실에 세상을 다 얻은 것 같았다. 오래전부터 한명만 낳아 잘 기르자 마음먹었던 나였음에도 불구하고, 아기가 생긴 것이 마치 우리가족을 위한 하늘의 뜻 같았다. 사실 첫째의 출산 당시 온몸으로 겪었던 극심했던 출산의 통증 때문에 다시는 임신하지 않겠노라 다짐에 다짐을 거듭했던 결심이 무색하게도, 뱃속의 아기에게 마냥 감사한 마음이었다. 나는 바로 연이은 휴직신청을 했다. 아이 한 명당 육아휴직이 2년이었던 회사에 총 4년을 낼 수 있게 된 것이다. 이 같은 행운이 어디 있단 말인가! 첫째 딸 성장을 곁에서 지켜보며 앞으로도 24시간 함께 지낼 수 있게 된 사실이 말로 표현할 수 없을 만큼 벅차올랐다.

　둘째 임신사실을 알게 된 즉시 어린이집 선생님들과 마지막 작별 인사를 나누고, 한결 가벼워진 발걸음으로 어린이집을 나왔다. 하늘이 유난히도 눈부시고 화창한 날이었다. 13살이 된 나원이의 인생에서 어린이집 경험은 엄마 복직준비로 딱 한 달 정도 다닌 게 전부다. 둘째로 태어날 뱃속의 아기덕분에 운 좋게 다시 2년의 육아휴직을 얻게 된 나는, 나원이가 내 품에서 무럭무럭 성장할 수 있게 되어 마냥 행복하고 감사했다. 이렇게 첫째의 육아휴직이 끝나고, 복덩이처럼 찾아온 둘째 덕분에 새롭게 2년의 육아휴직이 다시 시작되었다.

눈물 뚝뚝 미역국

나원이는 평소 그림 그리기를 무지 좋아했다. 혼자서 앉을 수 있던 시기부턴 종이와 색연필만 있으면 자리에 앉아 동그라미를 수없이 그리거나, 선을 긋거나 하면서 무엇이든 그리곤 했다. 나는 어디를 가든 종이와 색연필을 가방 속에 넣고 다녔다. 나원이가 3살이 되었을 때 아이와 집에서 좀 더 다양하고 재미있게 미술놀이를 하고 싶은 마음에 아동미술실기지도사 과정을 알아봤다. 마침 이화여대평생교육원에 1년 과정 수업이 있다는 사실을 확인하고 바로 신청했다. 토요일이면 나원이를 남편에게 맡기고, 나는 수업을 들으러 다녔다. 당시엔 둘째 임신 중이었기도 했다. 첫째 생각하며 신청한 미술 수업이지만, 자연스레 둘째의 태교에도 도움이 될 것이라 믿었다. 실제 담당 교수님도 태교에 많은 도움을 준다고 말씀하셨다. 나원이와도 재미있게 미술놀이를 할 수 있고, 뱃속의 아가에게도 태교에 긍정적 효과가 있다니 1석2조였다.

나는 집에 오자마자 수업 시간에 배운 미술놀이를 나원이와 바로 해보았다. 나원이 눈빛은 흥미로 반짝였다. 그리고 그 모습을 보는 나는 놀랍기만 했다. 그저 아이와 조금 더 재미있게 놀기 위해 미술수업을 받았고, 이를 아이에게 가르쳐준 것뿐이었다. 나원이가 이정도로 흥미를 갖고 배우고자 할 것이라는 생각은 하지 못했다. 그때도 나를 보는 나원이 눈은 윤슬처럼 빛나고 있었다. 그때부터였던 것 같다. 엄마가 최고의 선생님이라 믿고, 내 아이를 위해서라도 엄마인 내가 배움을 멈추지 말아야겠다고 다짐한 날이. 어떠한 분야든 공부하는 엄마로 살겠노라고 다짐한 날이! 그날로 나는 많은 부분 아이와 교감하며 '유아시절의 많은 배움을 가정에서 차곡차곡 이루어 나가게 하자!'라고 마음먹었다.

둘째 태어날 날이 다가올수록 나원이와 몸으로 놀아주는 것이 조금씩 힘들어지기 시작했다. 그러나 둘째 태어나고 한동안은 수유하랴, 기저귀 갈랴, 정신없는 나날을 보낼 것이 눈에 선해서 '지금 이순간이 나원이와 놀아줄 수 있는 최고의 시간이다!'라고 믿고 조금만 더 힘내자고 스스로를 다독였다. 출산 예정일이 다가오던 추운 겨울 어느 날은 나도 모르게 눈시울이 붉어지기도 했다. 문득 나원이를 보고 마음이 애잔해진 까닭이었다. 둘째를 출산하게 되면 며칠간은 병원에 입원해야 했다. 이후엔 조리원에서 2주가량 지낼 예정이었고, 그 기간 나원이는 엄마 품에서 떨어져 친할머니, 친할아버지와 지내기로 했다. 가슴이 먹먹해졌다. 나원이는 생후 27개월이 되는 동안 한 번도 엄마아빠와 떨어져 잠을 자본적이 없어 더욱 그랬다. 그럼에도 할 수 있는 건 당부뿐이라, 나는 나원이를 꼭 끌어안은 채 이야기했다. 엄마가 동생 낳고 나원이랑 다시 만날 때까지 할머니 할아버지랑 잘 지내달라고. 나원이는 엄마와 떨어져 지내는 것이 실감나진 않아 보였지만 기특하게도 알았다며 고개를 끄덕여주었다.

눈이 펑펑 쏟아지는 날이었다. 둘째 출산예정일 당일이어서 오후에 병원을 찾았는데 담당 선생님이 나에게 양수가 터졌으니 마음의 준비를 하고 얼른 입원하라고 했다. 쏟아지는 눈을 맞으며 챙겨놓은 짐을 가지러 집으로 걸어가는 내내 하늘에서 내려주는 눈이 마치 출산을 미리 축하해주는 듯해 공연히 설렜다. 집에 도착하자마자 시부모님께 연락해 병원에 바로 입원해야 하는 상황을 말씀드렸고, 시부모님은 총알같이 와주셨다. 눈이 펑펑 쏟아져서일까? 나원이는 엄마와 며칠간 떨어져 자야하는 현실은 미처 체감하지 못한 듯, 하늘에서 내리는 눈에 들떠보였다. 할머니 품에 안긴 나원이를 배웅하고, 나는 아버님차가 내 시야에서 사라질 때까지 나원이를 향해 계속 손을 흔들었다.

병원에 도착하여 짐을 풀고 환자복으로 갈아입고 침대에 누웠다. 두 번째 경험이지만 여전히 출산의 고통을 맞이하는 심정은 두근거리고 긴장됐다. 이번에는 기필코 무통주사를 꼭 맞으리 다짐하고 간호사에게 미리 부탁했다. 마침 회사에 있던 남편도 서둘러 병원으로 와주었다. 나원이를 출산하던 날, 심한 통증으로 호흡조차 제대로 못하고 있을 때 남편이 손 꼭 잡고 호흡에 집중할 수 있게 도와준 일은 두고두고 남편에게 고마운 일이었다. 이번에도 남편이 곁에 있다는 사실이 큰 힘이 되었다. 간호사는 배위에 이상한 기계를 달더니, 태동검사를 시작했다. 무통주사를 미리 맞은 나는, 수축이 일어 날 때에도 첫째 때에 비해 훨씬 진통이 약하게 느껴졌다. 첫째 때의 휘몰아쳤던 무시무시한 진통 때와는 비교도 안 될 정도로 수월해서 내가 놓인 현실이 믿기지 않았다. 물론 진통이 거세질수록 심한 통증으로 인해 힘주라는 의사 말에 반응하기 힘든 건 첫째 때나 둘째 때나 마찬가지긴 했지만.

　마침내 밤10시가 넘어 3.2킬로그램의 둘째 아기가 태어났다. 그런데 순간 병실 안에 있던 모든 사람들은 놀라지 않을 수 없었다. 세상 밖으로 나올 때 들린 아기의 첫 울음소리는 분명히 "응애"가 아닌 "엄마"였다. 처음 터져 나온 둘째의 울음소리는, 선명하도록 "엄마"였다. 분만실에 있던 의사선생님도 웃으시며 "애기가 엄마하며 나오네요!"라고 말했다. 간호사들도 방금 전 "엄마"라는 소리를 확실히 들었다며 하나같이 놀라워했다. 조금은 이해되는 건 뱃속의 아기가 10개월 동안 가장 많이 들었던 말은 첫째가 나를 부르는 '엄마'였을 것이다. 늘 나원이와 생활한 덕에 엄마 역할의 최전선에서 가장 많이 들었을 소리일 테니까. 그렇다한들 이 믿기 힘든 일화는 몇 년이 지난 지금까지도 마냥 신기해, 우리가족 입에서 두고두고 회자될 이야기가 되었다. 아무튼, 2012년 1월3일 이렇게 나는 두 딸의 엄마가 되었다.

　갓 태어난 둘째도 둘째지만, 시댁에 있는 우리 나원이가 매 순간 보고 싶었다. 둘째에게 수유를 할 때도, 병원에서 밥을 먹을 때도 나원이가 잘 놀고 있나 걱정이 되었다. 출산한 다음날 나원이는 할머니 할아버지와 손잡고 엄마랑 동생을 보러 병원에 왔다. 갓 태어난 동생이 낯설지만 또 신기한지, 신생아실 유리창으로 한참동안 뚫어지게 쳐다보았다. 병실에서는 내 곁에 찰싹 달라붙어 엄마 품에서 떠나지 않으려고 했다. 우리 모녀는 이틀 만에 만난 거였지만 일주일 넘게 떨어져 지낸 거처럼 느껴졌다. 어머님 얘기로는 나원이가 처음 할머니 집에서 자려고 누운 밤에는 계속 잠을 못 이루고 뒤척였다고 했다. 낮에는 할아버지와 신나게 숨바꼭질도 하고 잘 노는데, 밤이 되면 엄마 아빠 없는 빈자리 때문인지 쉽게 잠을 이루지 못한다는 거였다. 어머님 얘기에 나원이가 마냥 애처로웠다.

　조리원으로 옮긴지 며칠 안 된 어느 날이었다. 2주를 머물던 조리원은 매 끼니 때마다 식사를 산모 방으로 직접 갖다 주었다. 식판을 받고 식사를 하려고 의자에 앉았다. 미역국 한 숟가락 뜨려는데 갑자기 나원이가 떠올랐고, 순간 너무 보고 싶어졌다. 조리원실 책상위에 달력을 보니 집으로 돌아갈 날이 일주일이상 남았다란 사실에 나도 모르게 목이 메어왔다. 둘째 출산으로 인해 어린 나원이와 떨어져 지내는 현실이 너무 미안하고 안타까워 눈에는 눈물이 그렁그렁 맺혔고, 애써 참으려고 했던 눈물이 미역국에 뚝뚝 떨어졌다. 미역국과 국에 빠진 내 눈물을 같이 뜨고 있었다. 이렇게 슬픈 미역국은 내 인생 처음이었다. 출산 후 회복에 필요한 시간이라지만, 조리원에서 지내는 기간, 엄마 없이 지내는 첫째가 그렇게 애잔하게 느껴졌다. 마침 조리원 원장님이 방문을 두드리셨다. 놀란 나머지 눈물 닦을 새도 없이 "네."라고 대답했고, 곧 방문을 열고 들어온 원장님과 눈이 마주쳤다. 그리고 빨개진 내 눈을 보시고는 무슨 일이냐며 깜짝 놀라며 당황해하셨다.

　"아무 일도 아니에요. 그냥 첫째 딸이 너무 보고 싶어서요."

　원장님은 규정상 첫째아이를 입실시키기 어렵지만, 백선주님은 딸을 너무 보고 싶어 하기도 하고 계속 이렇게 슬퍼하면 슬픈 모유가 나와서 둘째에게도 좋지 않으니 첫째 딸을 잠깐 데리고 오라고 허락하셨다. 청승맞게 눈물범벅이 된 얼굴로 미역국을 먹고 있다가 원장님께 들킨 게 마음에 걸렸다. 그럼에도 따뜻한 위로차원이라 여기고, 감사하다는 말과 함께 다음날 첫째는 내가 머무는 조리원실에 잠깐 들어올 수 있었다. 짧은 시간이었지만 나원이와 함께 있던 그 잠깐의 시간은 꿈만 같았다. 뽀로로를 좋아하는 나원이를 위해, 전날 밤 뽀로로 친구들을 전부 그려서 예쁘게 색칠하고 정성껏 오려 준비해놓았다. 그리고 나원이가 조리원실에 들어오자마자, 내가 그린 그림을 전해주었다. 나원이의 표정은 환해졌다. 엄마가 떨어져 있는 동안 자기를 생각하며 이 모든 걸 준비해놓았다니 감동받은 눈치였다. 나원이는 할머니가 사주신 뽀로로 가방에 내가 그린 그림들을 애물단지 모시듯 하나씩 넣었다.

"엄마랑 떨어져 지내는 동안 엄마 보고 싶으면 이 그림들 보면서 엄마생각하고 재미있게 지내. 알았지 나원아? 우리 딸 그럴 수 있지?"

헤어질 시간이 되어 원치 않는 작별인사를 나누고 나원이는 할머니 품에 안겨 엘리베이터를 탔다. 문이 닫히기를 기다리며 나원이를 뚫어져라 바라보는데 눈가가 뜨거워지고 곧 빨개졌다. 어머니는 내 모습을 나원이에게 안보이려고, 얼른 나원이를 돌려 안으셨다. 엘리베이터 문이 닫혔다. 나는 한참을 그곳에서 멍하니 있었다. 사랑하는 내 딸 나원이와 떨어져 지내는 이 시간이 마냥 안타깝기만 했다.

조리원에 있는 동안은 남편이 엄마역할까지 도맡아 주었다. 낮에는 일을 하고 밤에는 나원이가 있는 시댁과 내가 있는 조리원을 번갈아 오가며 수고해 마지않았다. 밤낮으로 애써준 남편의 도움으로, 나는 산후조리에 집중할 수 있었다. 그러면서도 하루빨리 집으로 돌아가 나원이와 다시 살을 부비며 지낼 날만 손꼽아 기다렸다. 몸이 조금씩 회복됨에 따라 바라던 그날도 차츰차츰 다가오고 있었다.

복직 준비

육아휴직 기간 동안 두 딸들과 일상을 보내면서 내 몸은 몇 개라도 부족할 만큼 바빴다. 4살인 나원이와 갓 태어난 둘째 나연이를 양육하는 일은 생각보다 훨씬 더 많은 에너지가 소모됐다. 둘째를 수유하는 중에 첫째를 바라보며 동요를 불러주거나 첫째에게 끝도 없이 이야기를 들려주었던 순간, 둘째를 등에 업고 첫째에게 그림책을 읽어주었던 순간, 동생 목욕시켜주기에 첫째를 참여시켜 재미 붙이게 한 순간, 둘째가 잠든 사이 첫째와 실험놀이를 하거나 미술놀이를 했던 시간 등, 돌도 안 된 어린 아가와 세 돌도 안 된 유아를 정성껏 돌보고 양육했던 하루하루는 정말이지 쉴 새 없이 바쁜 나날이었다. 어린 자녀일수록 아이가 한 명에서 두 명으로 늘어나면 엄마의 에너지는 몇 배로 더 요구된다. 그런 현실이지만 그럼에도 불구하고, 두 딸 모두에게 보다 효과적인 양육 방법을 찾으려고 부단히도 애를 썼다. 육아서와 교육서적을 늘 곁에 두고, 고민하고 행동하려고 노력했던 건 그런 이유에서였다.

모든 엄마들이 다 마찬가지일 것이다. 내 아이를 건강하게 출산하여 몸도 마음도 건강하게 키우고 싶은 바람 말이다. 나 역시 그랬다. 아이를 양육하는 문제만큼은 더욱 잘하고 싶었고, 내 아이의 하루가 즐겁고 행복하기를 둘도 없이 바랐다. 이 마음은 둘째의 출산 후 낮이든 밤이든 한 시간 반 간격으로 아이가 잠에서 깰 때마다 부족한 잠을 이겨내며 모유수유를 하게 만든 원동력이 되어주기도 했다. 둘째 나연이가 조금씩 클수록 수유 간격은 한 시간 반에서 두 시간, 두 시간 반에서 세 시간 간격으로 점점 늘어갔다. 5개월쯤 지났을 때 나연이는 이유식을 먹기 시작했다. 나는 첫째 때처럼 매일 정성껏 유기농 야채를 사다가 직접 만들었다. 그렇게 정성껏 만든 이유식을 나원인 본인이 직접 먹이겠다며, 하루에도 몇 번이나 아기 숟가락을 달라고 요구했다. 이유식 먹이는 행동이 마치 인형놀이와 닮아 보였나보다. 움직이지 않는 인형이 아닌 매번 반응하는 동생이었으니, 동생 이유식 먹이기가 얼마나 재미난 놀이였겠는가! 내가 이유식을 만들면 나원이도 같이 떠먹여 주는 식으로 6,7개월가량을 보내고, 나연이 역시 돌 지나고부터 밥도 잘 먹게 되었다. 반면 주변에는 나연이 또래 아기를 둔 엄마가 아기가 밥을 잘 안 먹어 고민하는 경우도 더러 있었다. 그 시기엔 아이가 밥을 잘 먹는 습관이 엄마에게 중요한 문제처럼 느껴진다. 엄마들 고민을 들으며, 조금이라도 도움이 되고자 그때마다 이유식에서 자연스럽게 밥으로 넘어왔던 내 경험담을 나누며 아이들이 잘 먹는 반찬위주로 야채 한두 가지 섞어 식사를 차려줄 것을 권했다. 그리고 아이를 위한 식사관련 요리책들도 추천해주었다. 이는 아이 밥 먹이는 일로 고민해 본 적 없어 가능했던 조언이었는데, 어려서부터 안전하고 건강한 먹거리에 신경 썼던 노력 덕인지 나원이 나연이는 지금껏 편식 없이 골고루 잘 먹고, 잘 커주고 있다.

돌아보면 나원이 나연이는 어려서부터 밥 먹는 걸로 고민해 본 적은 없었던 것 같다. 나원이가 4학년 때 수업시간에 친구의 장점을 쓰는 시간이 있었다고 한다. 그때 나원이를 뽑은 한 친구가 자기는 편식을 많이 하는데 우리 나원이는 급식 시간에 편식을 하는 것을 본 적이 없다며 골고루 잘 먹는 나원이를 본받고 싶다고 했단다. 그 이야기를 듣고 집에서도 골고루 잘 먹는 습관이 밖에서도 이어지는구나 싶었고, 어려서부터 채소와 야채들을 잘 먹게 한 경험들 덕분이라고 생각했다. 둘째 나연이 역시 1학년 때 같은 반 친구가 우리 집에 놀러 와서 "나연이는 급식시간에 김치도 잘 먹고, 다른 것들도 다 잘 먹던데 원래 나연이 집에서도 김치랑 야채들 잘 먹어요?"라고 물었다. 그 친구의 말을 듣고 나연이 역시 학교에서도 집에서처럼 음식 가리지 않고 내 앞에 놓인 음식은 골고루 잘 먹는다는 사실을 알게 되었다. 두 딸들의 친구들 이야기를 통해 어려서부터 건강한 먹거리에 신경 썼던 내 노력이 결코 헛되지 않았다는 생각에 나름 뿌듯했다.

아이들 식사와 이유식 이야기가 나와서 말인데, 나연이를 임신 했을 때부터 나 자신과 스스로 약속했던 일이 있었다. 첫째 때처럼 자연분만으로 건강하게 아기를 출산하고, 아기에게 돌까지는 모유수유를 하고, 이유식은 내 손으로 직접 만들어 먹이다가 자연스럽게 밥도 잘 먹는 아이로 길러 보자는 것! 이렇게 하는 것이 외부 어떤 힘이 필요 없는, 자연의 이치라고 생각했기 때문이다. 자연스러움이란 그런 거였다. 그래서 하고 싶은 말은, 엄마가 아기에게 젖을 주는 "모유수유 이야기다" 산모에겐 그 무엇보다 달콤한 모유가 자동으로 생성된다. 따라서 출산직후부터 세심한 노력을 기울이면 아기에게 충분히 모유를 먹일 수 있다. 모유수유 좋다는 말은 초보엄마도 많이 들어봤을 것이다. 실로 맞는 말인 것은, 모유수유가 아기 면역력 향상에도 효율적이고, 엄마와 아기의 안정적 애착형성에도 좋은 작용을 하기 때문이다. 또한 다이어트 효과가 있어, 산후회복에도 많은 도움을 준다. 이렇게 아기를 출산하고 돌까지 모유수유를 하며 기르는 모든 과정이, 나에겐 내안의 또 다른 위대한 자연과 만나는 색다른 경험이었다.

다시 이야기로 돌아와, 둘째가 돌이 되던 해에 나원이는 5살로 40개월에 접어들고 있었다. 나원이 애기 때부터 늘 육아에 대한 궁금증이 있거나 고민되는 부분이 있으면 육아서를 펼쳤다. 소문난 인터넷 카페나 주변의 아이 친구 엄마들 이야기보다는 나보다 먼저 아이를 키워본 경험을 바탕으로 쓴 육아서가 훨씬 더 와 닿았기 때문이다. 숱하게 육아서를 읽을 때마다 아이가 생후 36개월까지는 가급적 엄마가 키우는 게 가장 좋다는 이야기는 어디서든 쉽게 찾을 수 있었다. 그런 이유로 둘째를 돌보면서도 나원이를 어린이집에 보내지 않고 늘 곁에서 함께 지냈다.

엄마와 지내던 나원이도 어쩔 수 없이 유치원에 가야 할 시기가 다가왔다. 복직이 코앞으로 다가오고 있었기 때문이다. 첫째가 태어나고 육아휴직 2년이 끝나갈 시기에 했던 고민을 다시 하기 시작했다. 복직을 하게 된다면 아이가 안정적으로 유치원에 적응해서 잘 다닐 수 있도록 미리 도와야겠다는 생각이 먼저 들었다. 그러나 기관생활을 하기엔 다섯 살도 많이 어려 보였다. 20명이 넘는 다섯 살 아이들을 한 교실에서 오직 선생님 두 분의 지도하에 생활한다는 것이 처음엔 여간 내키지 않았다. 다섯 살이라고 해봤자 만36개월이 지났을 아이들이다. 가까운 친구 중에 유치원선생님 몇 명 있어서 물어보았다. "유치원에서 일해 보니까 어땠어? 너 아이도 다섯 살부터 유치원 보내고 싶어?" 내 질문에 친구들은 사실 그러고 싶지 않다고 했다. 다섯 살 반 아이들을 담임으로 지내본 경험을 말해주며, 다섯 살은 아직 단체생활하기 이른 감이 있다고 했다. 이왕이면 다섯 살보다 더 늦게 보내고 싶다고도 했다. 나 역시 나원이가 아직 유치원 다니기엔 이르다고 생각했기에, 현장 경험을 토대로 솔직하게 말해주는 친구들의 이야기에 더욱 공감하게 되었다. 그러나 내가 회사를 관두지 않는 한, 나원이의 유치원 입학 시기를 늦출 방법이 없어 보였다. 내키지 않았지만 결국 복직을 앞두고, 나원이를 유치원에 등원시킬 수밖에 없었다.

나원이가 등원한지 얼마 안 된 어느 날이었다. 아침에 일찍 밥을 먹고 유치원버스에 올라타려고 집을 나섰는데 나원이가 가기 싫다고 했다. 왜 가기 싫은지 물었더니 동생이랑 엄마와 함께 집에 있고 싶은 게 이유 아닌 이유였다. 마음 같아선 '나원이 오늘 유치원가기 싫구나? 그래 그럼 오늘은 엄마랑 집에서 놀자. 다음에 유치원 가고 싶을 때 말해줘. 그때 엄마랑 가자!'라고 말하고 싶었다. 그러나 그럴 수 없었다. 두 달 후면 복직이 기다리고 있었다. 하루빨리 나원이가 안정적으로 적응해서 유치원에 잘 다니려면 적응기간까지 빠지지 말고 보내야했다. 유치원버스가 도착했고 나원이는 가기 싫다며 차에서 내린 선생님을 보자마자 내 뒤로 숨었다. 같은 유치원 다니는 동네 친구들 모두가 차에 타고, 나원이만 남았다. 나원이가 울기 시작했다.

"엄마, 나 안 갈래. 엉엉."

우는 나원이를 보니 내 마음이 약해졌다.

"에고. 우리 나원이, 선생님! 오늘은 안 되겠네요."

"엄마랑 떨어 질 때만 울지, 또 원에 도착하면 잊어버리고 잘 놀 거예요"

선생님은 가기 싫어 우는 나원이를 안고 억지로 차에 태웠다. 나원이는 선생님 품에 강제로 안겨 발버둥 치기 시작했고, "엄마아아아아아!"를 부르며 대성통곡했다. 선생님은 아랑곳없이 나원이를 버스 의자에 앉힌 후 안전벨트를 채웠다. 지금은 유치원적응기간이라는 사실을 잘 알지만, 당장이라도 엉엉 우는 나원이를 버스에서 내리게 하고 싶었다. 딸을 내 품에 꼭 안고 달래주고 싶었다. 그 순간 유치원버스 문이 철컹 닫혀버렸다. 그리고 바로 출발했다. 결국 버스 안에서도 우는 나원이를 보고 왈칵 눈물이 쏟아져 버렸다. '내가 지금 뭐하고 있는 거지? 애가 저렇게 가기 싫다는데 왜 억지로 울리면서까지 굳이 유치원에 보내야 할까?' 마음이 쓰리고 속상해 하염없이 눈물이 흘렀다. 그 모습을 지켜보던 동네 엄마들이 "나원 엄마, 울지 마요. 에고 이런 모습 보면 엄마 마음이 많이 안 좋죠? 지금 유치원 입학초기라서 그럴 거예요. 아마 나원이 앞으로 적응 잘 할 거예요." 하며 위로해주었다. 계속 집에서 데리고 있다가 기관에 처음 보내는 엄마라는 걸 동네 엄마들도 알고 있었다.

속상한 마음을 달랠 길 없어 둘째 유모차를 끌고 얼른 집으로 온 뒤 유치원에 전화를 걸었다. 울며 유치원차에 올라탄 나원이가 유치원에 도착해서까지 계속 울며 나를 찾는 건 아닌가 걱정되었다. 유치원 가기 싫다고 했는데도 자기 말을 존중해주지 않은 엄마에게 심한 배신감이라도 느끼면 어쩌나 염려도 되었다. 그동안 딸과 쌓아온 서로에 대한 신뢰가 한 순간에 무너지지 않길 바랐다. 원감선생님이 전화를 받았다. 상황을 여쭤보니, 다행히 울음은 유치원 버스에서부터 이미 그쳤다고 했다. 유치원에 도착해서는 선생님의 지도하에 마음의 안정을 찾았으니 걱정 말라고 했다. 통화를 마치고도 마음이 편하지 않았다.

그날은 나원이가 집에 돌아 올 때까지 집안일도, 나연이와 놀아주는 것도 전부 집중하기 힘들었다. 나원이가 하원하면 꼬옥 안아주고 아침에 일어난 일에 대해 마음을 달래줄 생각뿐이었다. 다행히 하원할 때 나원이는 밝은 모습으로 유치원 버스에서 내렸다. 나는 나원이가 내리자마자 으스러지게 안아주었다.

"우리 딸, 유치원 잘 다녀왔어? 나원이 없는 동안 엄마, 나원이 무지무지 보고 싶었어!!"

집으로 데리고 와 아침에 일어난 일에 대해 이야기 나누며, 억지로 버스에 태운 점에 대해 나원이에게 진심으로 사과했다. 나원이 보내놓고 엄마 참 나원이에게 미안했다고, 엄마 마음도 많이 슬펐다고 말해주었다. 나원인 담임선생님도 엄마가 곧 있으면 은행에 가서 일을 해야 하니 나원이가 씩씩하게 유치원에 잘 다녀야 한다고 말해주었다고 했다. 나는 나원이에게 유치원에 가야하는 이유에 대해 다시 말을 해주었고, 나원인 고맙게도 재미있게 잘 다니기로 손가락 걸고 약속해주었다. 하지만 내 마음은 결코 가볍지 않았다.

사직서를 내다

　우리는 어떤 모임이나 장소에서 자기소개를 요청받으면 흔히 자신의 직업부터 말한다. 마치 직업을 내 자신과 동일시하면서 그것을 통해 자기 존재 가치를 확인하며 살아가는 거처럼 말이다. 나 또한 이러한 삶에서 벗어나지 못했다. 대학을 졸업하자마자 내가 어떤 것을 잘하고, 좋아하는지도 모르는 채 무조건 대기업 취직하기를 원했고, 남들보다 더 빨리 더 많이 돈을 벌고 싶은 마음에 승진 경쟁에서도 늘 자유롭지 못했다.

　직장생활 7년쯤 되었을 때 남편과 결혼을 했다. 그리고 임신 7개월에 육아휴직으로 전업주부가 되었다. 역할이 두 개나 늘었다. 아내와 엄마. 맡은바 역할에 최선을 다하며 사는 것이 내 인생에서 무척이나 중요한 일이었다. 딸로서, 기업의 직원으로서, 아내, 그리고 엄마가 되기까지 어느 것 하나 소홀히 하고 싶지 않아 최선을 다하지 않은 날이 거의 없었다. 삶을 소홀히 대하는 것은 죄라는 생각이 들었고, 게으른 것이라는 생각에 더욱. 육아휴직중인 4년 동안은 아내로서 특히 엄마로서의 삶에 충실해 내 아이

양육 하는 것에 오롯이 집중했던 시기였다. 생명력 넘치는 아이들의 하루 하루 눈부신 성장을 바라보는 즐거움은 그 무엇과도 바꿀 수 없는 소중한 시간이었다. 그럼에도 나는 쉽사리 "00대기업에 다니는 백선주"라는 타이틀을 놓지 못했다. 퇴사 후 재취업이라는 기간 "경력 단절"이라는 말은 나에게도 자유롭지 못한 주제였고, 무엇보다 경제적인 부분도 생각할 수밖에 없었다. 맞벌이를 하게 되면 네 식구 생활하기에 훨씬 윤택할 것이란 지배적인 생각과, 내 집 마련도 하루빨리 앞당길 수 있을 것 같았다.

육아휴직 동안처럼 전업주부로 살 것인가, 아이들을 시어머니에게 맡기고 복직을 할 것인가를 놓고 몇 날 며칠을 고민하고 또 고민했다. 아이러니한 건, 고민하는 시간이 길어진다고 뚜렷한 답이 나오는 건 아니었다. 오랜 고민 끝에 결국 아이들을 맡기고 다니던 은행에 복직했다. 돈에 대한 내 욕망, 그리고 타인이 보는 대기업 정규직이란 시선을 쉽게 버리지 못한 것이다. 복직 직후 4년의 긴 휴직 기간이었던 공백을 빈틈없이 채워야 했기에 한동안은 교육 받는 일이 중요했다. 이토록 오랜만에 아침 일찍 출근 준비를 하고, 아이들 자는 시간에 집을 나와 회사에 도착해 유니폼으로 갈아입은 후 한동안 교육받는 것이 일상이 되었다. 문제는 나였다. 회사에 있는 동안 온통 내 머릿속은 나원이 걱정이었다.

'지금쯤 우리 나원이는 밥 먹고 유치원버스에 잘 탔나?'

교육을 받다가 쉬는 시간이면 유치원으로 전화해 담임선생님과 통화한 후에야 안심할 수 있었다. 이것이 끝은 아니었다. 세상 소중한 딸이 둘이나 있으니까 말이다. 첫째에 대한 걱정이 사라지자, 갑자기 둘째 생각으로 마음이 요동쳤다.

'아직 두 돌도 안 된 우리 나연이는 어느 날부터인지 갑자기 사라진 엄마의 부재로 정서적으로 힘들어 하고 있진 않을까?'

'할머니랑 잘 놀고 있을까?'

'아이 인생에서 가장 중요한 36개월까지는 엄마가 아이를 키우고 전적으로 아이에게 집중해야 할 시기인데, 나 지금 뭐하고 있는 거지?'

불안이 밀려왔다. 뜻하지 않게 퇴근시간까지 늦어졌다. 4년의 공백이 있었기에 그 사이 바뀐 규정도 너무 많았고, 하나하나 살펴보려면 회사 정규 업무시간에 볼 수 있는 양이 결코 아니었다. 복직 첫날부터 교육받는 내내 남편보다 늦게 퇴근해야했다. 아침 일찍 잠들어 있는 아이들을 보고 출근해서 퇴근하고 돌아와 잠들어 있는 아이들을 보노라면, 4년의 육아휴직 기간이 너무나도 그리웠다. 엄마와 떨어져있는 동안 한없이 엄마가 그립고 보고 싶었을 텐데 내 얼굴도 못보고 잠들어있는 내 아이들을 보고 있자니 그저 미안하고 안쓰러웠다. 특히 어린 둘째가 측은하게 느껴졌다. 아이들과 24시간 붙어 지내는 시간은 비록 지칠 때도 있지만, 서로 눈 맞추고 대화 나누며 소통하고 신뢰를 쌓아가던 그 시간이 가장 소중했음을 부인할 수는 없었다.

그럴수록 회의가 밀려왔다.

아이들 육아에 전념하느냐, 직장 다니며 돈을 버느냐가 다시 내 인생 화두가 되었다. 반드시 거쳐 가야 할 고민의 관문이었다. (비밀 아닌 비밀이지만 복직 후 교육도 끝나지 않은 시점에 혼란스러운 내 마음을 견디지 못하고 점까지 보러갔었다. 그때만 생각하면 내가 깊이 생각하고 결정할 일을 돈 몇 만원에 점쳐보려고 했던 어리석음에 헛웃음이 저절로 지어진다.) 답답한 마음을 주체하지 못하고, 따로 여성 상사를 찾아가, 육아와 맞벌이 두 길에서 격하게 고민하는 내 솔직한 심정을 털어놓았다. 학교 졸업하자마자 은행에 입사해 20년 넘게 재직 중인 상사는 말해주었다. 이야기인즉,

제일 후회되는 일이 아이들 어렸을 때 육아 하지 않고 시부모님께 맡기고 일을 선택했다란 사실이라고. 현재 아이들은 고등학생이 되었지만 어릴 적 함께 시간을 보내지 못했던 사실이 두고두고 미안하고, 죄스러운 마음이라고. 밖에서 보기에 20년 쉼 없이 일하며 그 직급까지 이루어낸 게 너무 멋있어 보이고, 늘 당당해 보이던 상사였는데, 마음 한편으론 아이들에 대한 지난날의 후회가 있다고 하니 같은 엄마로서 내일처럼 깊게 와 닿았다. 덧붙이기를 일도 중요하지만 엄마가 아이의 곁에 있어주어야 할 적기에 그 자리를 지키는 것이 무엇보다 중요하다고 생각한다는 조언도 함께 해주셨다.

그날 저녁 집에 돌아와 남편과 많은 이야기를 나눴다. 남편은 내가 내리는 어떠한 결정도 존중한다고 말해주었고 본인 역시 이왕이면 아이들은 엄마가 돌보고 양육하는 것이 맞다 생각한다는 얘기도 덧붙였다. 친구들과 대화를 나누다보면 자신들의 남편이 우스갯소리로 "내가 육아할게. 너는 절대로 그 좋은 직장 그만두면 안 돼."하며 육아에 전념하려는 아내를 극구 말린다는데 다행인지 모르겠지만 남편은 남달랐다. 돈은 앞으로 자기가 벌면 된다며 둘째가 아직 너무 어리니 아이들과 함께 지내길 권유했다. 우리 부부는 앞으로 남편의 월급만으로 네 식구 알뜰살뜰 잘 살아보자고 다짐하고, 육아에 더 열중하기로 합의했다.

나는 며칠 동안 복잡해 폭발하기 일보직전이던 머리를 정리할 시간을 갖은 뒤 직장에 과감하게 사직서를 냈다. 그 날부터 백수가 되었다. 아니 완전한 자유인이 되었다고 하자. 남편은 가끔 아니 자주, 백수이면서 자유인인 나를 무척이나 부러워한다. 아마 내가 선택한 결과에 한 번도 후회한 적이 없어서 더 그럴 테지. 세상 무엇보다 소중한 내 아이와 함께 보내는 시간은 애초에 대기업타이틀과 바꿀 수 있는 것이 결코 아니었다.

육아서를 통해

얼마 전 친한 친구가 아기를 출산했다. 친구는 오랜 시간 직장생활을 하며 모태솔로로 지내왔다. 그러다 작년 초 친구는 결혼을 했다. 재미있는 우연은 우리부부와 결혼기념일도 같다는 거다. 1월 5일 일요일 오전이었다. 그날은 내가 남편과 결혼한 지 12년째 되는 날이었다. 그 친구한테 아침 일찍 연락이 왔다.

"선주야, 오늘 결혼기념일인데 뭐하니?"

나는 아침 식사 시간에 있었던 일을 얘기해주었다. 엄마아빠 결혼기념일이라고 딸들이 두부부침, 계란말이, 호박부침, 김치볶음 등 4가지 반찬을 만들어 자기들만의 솜씨로 밥상을 차려준 이야기였다.

얼마 전 허니문 베이비로 아들을 낳은 친구는 "이래서 딸을 낳아야 하나 봐!"하면서 웃음 섞인 말을 보냈다.

곧이어 친구는 육아서를 몇 개 추천해달라고 부탁했다. 친구의 아들은 이제 100일이 갓 지났다. 세상에는 셀 수 없을 정도로 많은 육아서가 있지만 출산한지 얼마 안 된 친구에게 어떤 육아서와 교육서를 추천할까? 하고 생각했다. 망설임 없이 바로 대답할 수 있었다. 아이들 어릴 때 엄마의 교과서처럼 여기며 읽고 또 읽었던 두 권의 책이 떠올랐다. 친구는 이유도 묻지 않고 모두 당장 사서 봐야지라고 대답했다. 친구처럼 추천해주는 책을 망설이지 않고 바로 주문해서 본다고 할 때는 나도 모르게 뿌듯해진다. 그날도 그랬다.

무슨 일이든 처음 하는 경험은 많이 낯설고 서툴기 마련이지만 아이를 키우는 것만큼 낯설고 서툰 일이 또 있을까? 나 역시 처음 엄마가 되었을 때를 떠올리면 막막함 그 자체였다. 우리가 어떤 목적지에 도착하기 위해서는 지도가 필요한데 육아도 다르지 않았다. 눈에 넣어도 아프지 않을 내 아이를 잘 키우고 싶은 마음에 먼저 그 길을 걸어간 선배 맘들의 조언이 절실했다. 그때부터 닥치는 대로 육아서와 교육서를 읽었다. 처음 엄마가 된 초보엄마들은 육아 경험이 없으니 지식과 지혜를 쌓아나갈 수밖에 없다. 이럴 때 육아서는 서툰 부모 역할에 친절하게 안내를 해주는 안내서 노릇을 톡톡히 했다. 육아가 막막할 때 나보다 먼저 아이를 키운 선배엄마나 육아전문가가 들려주는 이야기들은 아이들의 마음을 이해하게 해주었고, 혼란스러운 내 마음을 바로 잡아주었고, 궁금증을 해소시켜주는 것은 물론이거니와 중심을 잡는데도 실질적인 큰 도움을 주었다. 또한, 덕분에 나만의 소신과 원칙도 세울 수 있었다.

도대체 아이를 잘 키운다는 것은 과연 어떤 걸까? 라는 질문은 나 스스로에게 끊임없이 던지던 물음이었고, 그 질문은 어떻게 길러야 아이가 자기 본색을 잃지 않고 건강하게 잘 자랄 수 있을까란 엄마고민으로 연결되었다. 숱한 육아서를 읽으면서 결국 깨닫게 되었다. 편안하고 성격 좋은 부모가 결국 아이와 안정적인 애착관계를 만들어나갈 수 있고, 내 아이 역시 마음 편안하고 성격 좋은 아이로 키우는 것이 행복한 아이가 되는 길이라고 말이다. 육아서를 쓴 교육자나 육아전문가들은 오랜 연구 성과에 걸친 임상실험을 바탕으로 책을 쓴 경우가 많다. 그래서 더욱 신뢰가 갔고, 읽는 내내 밑줄 그어가며 한 문장 한 문장 곱씹으며 읽게 만들기도 했다. 그러한 배움을 바탕으로 나원이 나연이 키우는 동안 몸소 행동으로 보이려고 끊임없이 노력했다.

그러나 솔직히 말하자면, 육아서를 읽고 공부하면서도 난관에 부딪힐 때도 많았다. 매 순간 책의 가르침과 동일하게 아이를 대했다고는 말할 수 없다. 아이를 키우는 동안 내 순간적인 감정에 휘둘릴 때도 많았기 때문이다. 어떻게 하는 것이 내 아이에게 이로운 것인지 알면서도 행동과 표정과 말투는 그와 반대로 하고 있는 내 모습을 대면하고 자책한 날도 많았다. 아이에게는 미안하고 죄스럽기도 했다. 그때마다 나 자신에게 실망스럽고 괴로웠다. 하지만 그럴 때조차도 육아서로 내 마음을 달랬다. 그러다 보니 점점 시간이 흐를수록 편안한 마음으로 아이를 바라보게 되었고, 아이를 기르는데 큰 밑거름이 되었다. 나와 아이들의 관계는 이 지구상에 오직 하나뿐인 관계임을 분명히 깨달았다. 엄마인 내가 그 관계를 잘 만들어나가야 한다는 것도 말이다. 특히 육아서를 통해 나를 감화시켰던 부분은 아이를 키울 생각 하지 말고, 엄마인 자신을 키우며 아이가 커가는 모습을 그저 따뜻한 시선으로 바라보자는 거였다. 실로 그렇다.

아이들이 초등학교 고학년, 저학년이 된 지금에 더욱 공감하게 된다. 아이들은 엄마의 따뜻한 시선과 사랑과 배려만으로도 (충분하다는 말로는 부족 할 만큼)충분히 잘 자란다. 엄마인 나 자신을 더 성숙한 사람으로 키워나가려고 애쓰는 것이 결국 내 아이에게 좋은 본보기가 되기에, 이것이야말로 현명한 육아비법이란 생각이 든다. 육아서를 읽으며 깨닫게 된 사실이었다.

숱한 시간, 셀 수 없을 만큼의 많은 육아서를 읽으며 그곳에 나온 육아법들도 각양각색임을 알게 되었다. 책에 나온 저자들의 육아법을 모두 받아들이기 어려워 내가 할 수 있는 부분들을 선택했다. 자신의 딸을 양육하며 겪은 이야기들을 자신의 교육철학과 접목해서 읽기 쉽게 써내려간 육아서가 있었다. 작가는 자신의 딸이 4살 된 때부터 칭찬 기록장을 적기 시작했다는 부분이 있었는데, 나도 그대로 따라해 보았다. 나원이가 다섯살, 나연이가 2살이던 해부터 아이에게 칭찬할 만한 일을 기록하기 시작하여 몇 년을 이어갔다. 아이들은 자라며 내가 적은 칭찬노트를 자주 펼쳐 "내가 어릴 때 정말 이랬었어?"되묻기도 했다. 자신들이 잘한 일을 하나하나 세심하게 적어놓은 노트를 보고 멋쩍어 할 때도 있지만 깔깔 웃기도 하고, 뿌듯해하기도 했다. 책의 일부분을 그대로 실천한 덕분에 초등학생이 된 두 딸들에겐 보물 책이나 다름없는 값진 노트가 생겼고, 그것은 아이들에게 추억을 상기시키는 귀한 노트가 되어 주었다.

오늘은 첫째 나원이가 세탁이 다 된 빨래를 세탁기에서 다 꺼내 두 개의 바구니에 나눠 담아 동생과 빨래 줄에 예쁘게 널었다. 잊지 않고 칭찬 기록장에 써야 할까보다. 소소한 행동이지만 이 또한 칭찬 기록장에 적히는 일은 아이가 성인이 되었을 때 행복하게 성장한 증거물이 될 것이다.

결혼을 하고 아이를 낳았다고 해서 저절로 누구나 다 좋은 부모가 되는 것은 아니다. 좋은 부모가 되기 위해서는 부모 역할에 관한 공부를 반드시 해야 한다. 처음부터 엄마 역할을 제대로 해낼 수 있는 사람은 많지 않을 것이다. 좋은 엄마는 타고나는 것이 아니라 수많은 시행착오와 배움의 과정을 통해 만들어진다고 믿는다. 엄마 역할을 공부해야 하지만 육아에 고정된 정답이 있는 것은 물론 아니다. 정해진 답이 없으니 우리 아이를 위한 나만의 해답을 찾기 위해 끊임없이 배우고 연구하며 그 속에서 깨달아가는 수밖에 없다.

이틀에 한권 꼴로 닥치는 대로 육아서를 읽으며 처음 겪는 난감한 엄마 역할에 스스로 마음을 단련해 나갈 수 있었다. 읽고 깨닫고 실행하고 좌절하고 난관에 부딪히고 다시 읽고를 반복하며 어느 덧 엄마 경력 10년이 훌쩍 넘었다. 그 사이 조언과 노하우를 톡톡히 얻을 수 있었던 것도 물론이다. 읽은 책을 지혜로 삼아 아이들을 키우는데 크나큰 실질적인 도움을 받아 일상에서 훨씬 더 아이들과 마음 편안하고 즐거우면서 행복하게 보낼 수 있었던 것 같다. 아이들이 엄마의 사랑을 먹으며 자라는 사이 나는 육아서와 교육서적을 읽고 곱씹으며 내 것으로 소화해가는 과정을 거치며 엄마로서의 자격을 단련해나갈 수 있었다. 나만의 지도로 펼칠 수 있도록 도움 준 육아서와 교육서적들 덕분이다.

제2장

어쩌다 전업주부

다시 오지 않을 우리 아이의 시간

4년의 육아 휴직 후 복직한 회사를 얼마 못가 그만둔 이후에 여러 사람들한테 전화를 받았다. "선주야, 그때가 가장 행복하단다. 그 행복 놓치지 말고 맘껏 누려."라며 내 선택을 긍정적으로 받아들이는 지인도 있었고, "그 아까운 대기업 정규직을 왜 그만뒀어? 난 너 누구보다 열정적인 워킹맘으로 살줄 알았어. 조금만 더 다녀보고 결정하지!"하며 아쉬워하는 지인들도 있었다.

사직서를 내고 퇴사하던 날, 시어머님은 닭을 사다 백숙을 해주셨다. 짧은 기간이었지만 아침 일찍 출근했다 야심한 밤이 되어야 귀가하는 며느리가 안쓰러우셨던지 잘했다고 하시며 그간 어머니도 마음 편치 않았다고 하셨다. 옆에 있던 남편도 잘한 결정이라고 응원을 아끼지 않았다. 나 또한 홀가분했다. 고민 끝 이미 결정한 상태였고, 앞으론 육아에 전념하기만 하면 되었다. 어떤 걱정도 되지 않았고, 최선의 선택이라 굳게 믿으며 아이들과 함께 지낼 나날만 생각하기로 했다.

회사를 관두고 나서, 나원이 유치원 출석률은 한 달에 절반도 되지 않았다. 나원이가 엄마랑 놀고 싶다고 하는 날엔 흔쾌히 "그래, 오늘은 유치원 가지 말고, 엄마랑 동생이랑 놀자~"하며 아침 먹자마자 두 딸을 데리고 놀이터로 나갔다. 억지로 유치원에 보내지 않아도 되니 마음이 편안했고, 아이들 웃음소리를 들으니 나도 절로 행복해졌다. 이제야 살 것 같았다. 놀이터에서 만나는 동네 엄마들도 한마디씩 거들었다.

"엄마 출근하고, 할머니랑 놀이터에 나오면 이렇게 밝은 얼굴이 아니었는데 나원이, 나연이 얼굴이 완전히 폈네, 폈어."

나도 모르게 미소 지어졌다. 그동안 고민 많았는데 잘했구나 싶었다. 육아휴직 보내던, 그 시절처럼 아이들의 욕구에 온전히 집중할 수 있다는 사실이 마냥 감사했다. 일상이 물 흐르듯 편안하게 흘러갔다.

나원이가 유치원에 가고 싶어 하는 날엔 등원시키고, 둘째 육아에 집중할 수 있었다. 언니가 유치원에 가고 없는 시간이면 온전히 엄마를 차지할 수 있단 걸 둘째도 알았는지, 엄마와 노는 시간을 무진장 즐거워했다. 회사를 복직해야했을 때 제일 걱정되고 염려스러웠던 일은 둘째가 아직 두 돌도 안 된 어린 아이라는 사실이었다. 잠도 쪼개자며 틈나는 대로 읽어 삼키던 육아서와 교육서는 모두 하나같이 말했다. 만3세 이하의 아이들이 필요로 하는 것은 자신을 가장 많이 사랑해주는 엄마의 따뜻한 보살핌이라고. 그 시기의 아이들은 엄마의 시간을 먹고 자란다고. 경제적 여건 때문에 어쩔 수 없이 직장을 택해야 하는 경우도 무수히 많지만, 그런 경우에도 퇴근한 이후의 시간은 아이와 살 부비고, 눈 맞추며 온전히 엄마의 사랑을 느낄 수 있도록 각별히 더 신경 써야 한다고.

전업주부가 되어 가장 기뻤던 사실은 육아에 있어 평소 중요하다고 생각하고 믿었던 행동들을 그대로 몸소 실천할 수 있게 된 사실이었다.

아이들은 엄마가 옆에 있으면 하루 종일 세상을 탐험하며 즐겁게 지낸다. 놀이터를 가도 그랬고 동네 공원을 가도 그랬다. 복직했을 때 간절히 그리웠던 건 아이들과 보낸 소소한 일상이었다. 환한 대낮에 놀이터와 공원으로 함께 나가 뛰어 노는 일이 다시 일상이 되니 잃었던 행복을 되찾은 것 같았다. 아이들 웃음소리가 어찌나 행복하게 들리던지 아이들 곁으로 돌아온 엄마에게 잘했다고 고맙다고 속삭여주는 선물 같았다.

엄마가 따뜻한 시선으로 바라보고, 때로는 운동신경 발달을 위해 술래잡기를 하며 땀범벅 되어 같이 뛰어놀면 아이들은 까르르거리며 세상 행복을 전부 얻은 듯 신나하고 즐거워했다.

집 근처 공원에만 나가도 개구리 울음소리가 끊이질 않는 동네였다. 엄마가 읽어주는 그림책에서 보았던 식물이 눈에 보이기라도 하면 가까이 다가가 어찌나 반가워했는지 모른다. 그럴 때마다 이름을 알려주고 "책에서 본거지?"하면서 아이의 반가움에 함께 공감해주면 아이는 으쓱대며 스스로 뿌듯해했다.

나원이가 다섯 살 후반에 우리는 서울에서 경기도로 이사를 했다. 아이들을 좀 더 자연에서 뛰어놀며 자라게 하고 싶은 마음이 남편과 통했던 거다. 남편이 먼저 제안을 했고, 난 흔쾌히 동의했다. 직장이 서울이어서 출퇴근 거리가 더 멀어질 텐데도 아이들을 생각해서 경기도로 이사를 하자는 남편이 더 대단하게 여겨졌다. 남편과 나는 고향이 서울이다. 둘 다 서울을 벗어나 살아 본 적이 한 번도 없는 서울 토박이다. 심지어 남편은 초등학교 때부터 고등학교 때까지 교육열이 높다고 소문난 목동에서 자랐다. 그런 환경에서 자라 온 남편이지만 우리 아이들은 자연 속에서 키우고 싶다는 마음을 자주 드러냈었다. 나 역시 같은 생각이었다. 어린 시절은 자연 속에서 여유롭게 뛰어노는 것이 그 무엇보다 좋은 일이라 생각했기에 남편과 뜻을 같이 할 수 있었다.

우린 태어나서 처음으로 서울을 벗어나 경기도 신도시로 거처를 옮기게 되었다. 처음 신도시로 이사를 했을 때만 해도 공원조성도 덜 되어 있었고, 아파트만 덩그러니 있었다. 주변이 좀 정돈되고 공원이 조성되기까지는 이사 오고 1년이 넘게 걸렸다. 그러다보니 처음 이사 왔을 때는 아이들하고 놀 만한 장소가 몇 없었다. 단지 안에 있는 놀이터 3,4군데와 나아가서는 다른 단지 놀이터를 찾아가 노는 게 전부였다. 물론 집에서 멀지 않은 곳에 우리나라 4대 명산중의 하나인 북한산이 있어서 남편과 주말엔 아이들을 데리고 북한산을 내 집 드나들 듯 다녔다. 자주 가는 산이었지만 갈 때마다 아이들은 또 다른 즐거움을 찾아냈다. 계절마다 느끼는 산의 느낌과 재미가 다르다고 했다. 주말에는 아빠와 산으로 들로 놀러 다니며 자연 속에서 뛰어놀게 했고, 평일에는 집에서 여러 가지 놀이를 하며 보냈다. 이사 온 날부터, 그러니까 나연이 나원이가 3살, 6살이 되던 해부터는 두 딸 모두 기관에 보내지 않고, 24시간 나와 함께 붙어 지냈다.

오늘 우연히 나원이가 자신의 어릴 적 모습을 보고 싶다며 컴퓨터에 저장되어있는 사진들과 동영상을 보고 있었다. 때마침 나원이 6살 때 모습이 나왔다. 어느 덧 초등학교 고학년이 된 나원이 곁에 앉아서 난 과거 딸들의 일상을 추억했다. 우리가족은 7년 전 그때 그 시절로 돌아가 보았다.

특별히 눈에 띄는 모습이 있었다. 집안 곳곳의 벽에는 아이들 그림과 아이들과 함께 만든 미술작품들이 온통 덕지덕지 붙어 있었다. 아이들이 만든 작품을 엄마가 벽에 붙여줄 때, 마치 자신이 화가나 발명가가 된 듯 기뻐하던 딸들의 모습. 한글놀이 하는 동안 A4용지에 아이가 좋아하는 동요 가사를 매직으로 크게 적어 창문에 여러 장 붙여놓은 모습도 시선을 사로잡았다. 그 시절 내 인생에서 가장 중요한 것은 내 곁에서 자라나는 아이들과 행복하고 즐겁게 웃으며 하루하루를 보내는 일이었음을 되새길 수 있었다.

전업주부로 돌아와 육아에 전념하기로 결심한 내 선택이 헛되지 않기를 바랐다. 매일 매일 자라나는 아이들이기에 지금 이 순간이 얼마나 찬란한 순간인지, 또 얼마나 빠르게 사라질 순간인지 놓치지 않기 위해 찰나마저 소중히 보내려고 마음먹었었다. 마치 지금이 내게 허락된 시간의 전부인양 나는 내 아이들과 온 힘을 다해 즐겁게 보내는 일에 열정과 에너지를 쏟았다. 다시 오지 않을 우리 아이들의 시간을 위해서.

따뜻한 정서 집밥

코로나19 확산으로 사회가 많이 혼란스러운 때였다. 확진자는 나날이 늘어 전 국민이 스스로 자가 격리에 동참하는 분위기니, 나 역시 아이들과 집에서 대부분의 시간을 보내고 있다. 원래대로라면 새 학기를 맞이하는 날임에도 불구하고 전국의 모든 초등학교가 코로나19로 인해 개학을 3주 뒤로 연기한 상태였다. 어린이집과 유치원도 이미 휴원 중이었고, 등원은 초등학교와 동일한 시기로 모두 늦춰졌다.

엊그제 퇴근한 남편이 기사를 보다가

"여보, 코로나19보다 더 무서운 게 삼식이래."

"삼식이가 뭐야?" 나는 물었다.

"아이들 삼시세끼 밥 차려주는 거." 남편은 말했다.

알고 보니 기사 제목이었다.

'코로나19보다 더 무서운 삼식이'

내용인 즉, 코로나19바이러스 때문에 아이들이 집에서 시간을 보내니, 엄마들은 혈기왕성한 아이들과 전투적으로 놀아주느라 힘들어하고, 더욱이 삼시세끼 차려주느라 고충이 이만저만 아니라는 내용이었다. 온 국민 발이 묶인 상황에 이보다 더 무서운 게 내 자식 삼시세끼 밥 차려주는 거라니! 쓴웃음이 절로 나왔다.

아이들에게 매 끼니를 정성껏 차려주는 것이 때론 힘들 때도 있다. 그럼에도 불구하고 내가 식사를 준비하는 일에 정성을 들인 이유는, 상차림이 단순히 노동을 넘어 가족으로서 함께 먹고 살아가기 위해 보이지 않는 마음을 내는 중요한 행위라고 여겼기 때문이다.

밥은 생계를 위한 영양공급으로도 매우 중요하지만, 밥을 함께 먹는다는 것은 음식과 시간을 함께 나누고, 생각과 따뜻한 정, 나아가 영혼을 나누는 것이기도 하다. 살면서 친구나 좋아하는 누군가와 '우리 언제 한번 밥 한번 먹자'라고 나누는 일상적인 인사는 바쁜 일상 속에서 단순히 허기를 채우기 위해 같이 밥 먹자란 뜻이 아니라, 따뜻한 밥 한 끼와 함께 의미 있는 시간을 갖고 교감 하자는 의미가 들어가 있는 것이다. 이렇게 밥은 사람과 사람 사이의 감정을 나누는 소통의 매개체이기도 한 것이다. 이런 의미에서만 보아도 코로나19 사태가 만연한 요즘 혼자 사는 사람들은 혼밥을 먹으며 지내고 있을 텐데 우리사회가 무서워해야 할 것은 삼식이가 아니라, 사람들과의 소통 없이 홀로 먹는 이 기약 없는 혼밥을 더 무서워해야 하지 않을까 생각한다.

어른에게도 밥이 갖는 의미가 이럴 진데, 하물며 자라나는 어린 아이에게는 오죽할까. 가정에서의 따뜻한 삼시세끼의 밥은 보다 큰 가치가 있다. 아이들 어릴 적 기관에 보내지 않고 집에서 오랜 시간 데리고 있었던 이유 중 하나도 안전한 먹거리로 밥 차려주고 싶어서였다. 또한 아이들과 함께 밥 먹으며 충분히 정서적으로 교감하고 싶었던 이유도 있었다. 엄마가 차려주는 밥이 신체적 배고픔을 해결할 뿐 아니라, 정서적 불순물의 해소와 심리적인 허기까지 채우게 한다면 그 귀하고 값진 시간을 어찌 남에게 맡길 수 있겠는가. 이런 이유 때문에라도 어릴 적 아이들을 어린이집이나 유치원에 보내고 싶지 않았다.

어릴 적 나는 엄마가 우리 일곱 식구 끼니를 정성껏 챙기는 모습을 보며 자랐다. 아빠와 자식들을 위해 정성이 가득 담긴 요리를 해주려고 항상 애쓰셨던 기억이 난다.

어려서부터 난 몸이 약했던 탓에 감기에 자주 걸렸다, 그때마다 엄마는 구수한 된장찌개를 끓여주며 얼른 먹고 나으라고 토닥여주셨다. 지금에 와 생각해보면 엄마의 정성 깃든 된장찌개가 그 어떤 약보다 감기치료에 더 효과적이었던 것 같다. 엄마의 된장찌개에는 사랑이 담겨져 있었기 때문이다. 성인이 되고 나서도 마찬가지였다. 위장이 약해 자주 탈이 나거나 일이 바빠 끼니를 늦추거나 거르기라도 하면 배에 가스가 잔뜩 차 배앓이를 했었다. 그때마다 엄마는 누룽지를 만들어 물 붓고 팔팔 끓여 나에게 먹도록 하셨다. 그렇게 엄마표 누룽지를 먹고 나면 신기하리만치 배도 안 아프고, 속이 가라앉는 느낌이었다. 바쁜 와중에도 외식보다는 집밥이 최고라며, 뚝딱뚝딱 만들어낸 엄마 음식 솜씨는 항상 따뜻한 사랑을 전하는 보약 같았다.

나도 엄마가 나에게 해준 거처럼, 아이들에게 늘 따뜻한 집밥을 먹이며 건강하게 키우고 싶었다. 요즘처럼 다양한 종류의 음식들이 우리주변에 수없이 노출되어 있는 상황에서 엄마가 집밥을 해먹이는 것은 어느 정도의 확고한 소신도 필요한 일이다. 온갖 종류의 다양한 맛집 열풍에도 두 딸들이 집밥을 좋아해주는 것은 어려서부터 엄마 밥에 입맛이 길들여졌다는 증거이기도 하다. 나도 우리 엄마와 같이, 아이들 어려서부터 감기에 걸리거나 몸이 아프기라도 하면 기름진 음식보다는 소박한 된장찌개를 끓여 따뜻한 밥과 함께 먹게 했다. 아이들 이유식 먹일 때부터 몇 가지 야채를 섞어 자주 해먹이던 죽은 초등학생이 된 지금까지도 아이들 컨디션 안 좋을 때마다 자주 해먹이는 음식이기도 하다. 아이들 기운이 없거나 환절기에 감기초기증상이라도 보이면, 나는 육수부터 우려내어 이 죽을 끓여주곤 한다. 우리 아이들은 감기에 걸려도 어려서부터 병원을 간다거나 약을 먹지 않았다. 하루 이틀 집에서 푹 쉬면서 따뜻한 차와 내가 해주는 집밥을 먹으면 언제 아팠냐는 듯 말끔히 정상컨디션으로 돌아온다. 아마도 내가 차려준 밥상에 아이들이 얼른 낫기를 바라는 간절한 마음과 사랑이 함께 담겨서가 아닐까.

아이들을 키우면서 삼시세끼를 직접 해먹이다 보니 둘째가 4살쯤에 엄마는 직업이 요리사냐고 물었던 적이 있다. 아이들 끼니를 책임지려면 매 식사 때마다 주방에 머무는 시간이 짧지 않고, 삼시세끼 아이들이 지겹지 않도록 끼니마다 다른 요리로 만들어주려고 애쓴 결과 4살배기 딸에게 들었던 말이었다. 아이들에게 따뜻한 밥을 차려 주는 게 엄마로서 큰 기쁨인데 엄마 직업은 요리사라고 근사하게 표현해주니 남편과 한참을 웃었던 기억이 난다.

아이들이 어느 덧 자라 초등학생이 된 이후로는 나를 위해 요리를 해주는 날이 늘고 있다. 내가 식사를 준비할 때마다 틈틈이 자신의 수첩에 레시피를 메모해둔 것을 펼쳐
"엄마, 내가 오늘은 어떤 요리 해줄까?"라고 메뉴를 골라보라는 첫째의 말에 언제 이렇게 자랐는지 미소가 절로 지어지고 대견하기만 하다.
둘째도 덩달아 나선다.
"계란 후라이랑 두부부침은 내가 할게."
그때마다 나는 보조 주방장처럼 아이들 옆에서 서성이며 속으로 기대해 본다.
'오늘은 우리 딸들이 자신들의 솜씨로 어떤 소통의 매개체를 뚝딱 만들어 내려나?'하고 말이다.

잠자리 독서

　전업주부가 되고 경기도 신도시로 이사하고부턴 출근해야 한다는 압박과 아이들이 유치원에 가는 부담이 없어져, 아이가 원할 때까지 책을 읽어줄 수 있었다. 그러다보니 새벽 2시-3시 넘어서까지 독서 할 때가 많아졌고, 덩달아 아침에 늦잠 자는 게 일상이 되기도 했다. 우리는 아이들 어릴 적부터 잠자리 독서를 꾸준히 해왔었다. 잠들기 전 침대에 누워 양쪽에 아이들을 눕히고 아이들이 원하는 그림책과 내가 읽어주고 싶은 그림책을 섞어 읽어주는 일은 우리 집의 당연한 일과였다. 책에 그려진 그림을 보고 아이들과 길게 대화를 나눌 때도 많았고, 호기심 왕성한 어린 아이들이다 보니 생각지 못한 질문 또한 쏟아져 나왔다. 그림이나 내용이 너무 웃기다

싶으면 배꼽 잡고 셋이서 깔깔거리다가 눈물까지 흘린 날도 많았다. 반면에 감동적이거나 슬픈 장면이 나와 눈물 흘린 날도 여러 날이었다. 그렇다보니 책 한권을 덮기까지 한참 걸릴 때가 많았다.

남편 역시 잠자리 독서에 숱한 나날을 동참해주었다. 둘째가 태어나고 밤에 수유를 하는 동안에는 남편이 나를 대신해 4살이었던 나원이에게 책을 재미있게 읽어주었다. 나원이는 아빠가 읽어줄 때는 엄마가 읽어줄 때와 또 새로운 느낌이었는지 아빠가 잠자리에서 읽어주는 동화책을 반복해서 읽어달라고 조르는 경우가 많았다. 그때마다 남편은 새로운 목소리로 변신해 나원이의 흥미를 유발했다. 새벽 늦게까지 잠자리 독서가 이어지던 시절에도 남편은 밤12시까지 아이들에게 책을 읽어주었고, 다음날 출근을 위해 나랑 바톤 터치를 했다. 문득 그 시절을 생각하니 남편에게 참 고맙다. 남편은 새벽 2-3시까지 환한 형광등불빛 아래에서 잠들어야 했던 불편함을 오로지 책 읽기를 좋아했던 아이들을 위해 감수해 주었다.

이런 날도 있었다. 다섯 살 후반부터 혼자서 책 읽기를 조금씩 해나가던 나원이가 6살이 된 어느 날 밤 "책은 어떻게 만들까요?"란 책을 들고 와선 침대에 누웠다. 이 책은 한참 스스로 책 읽는 즐거움에 빠져있던 나원이를 위해 새로 사준 책이었다. 나원이는 누워서 책을 들고 소리 내어 읽기 시작했다. 어려서부터 상상의 글로 책 만들기가 취미이던 나원이였다. 나원이는 한글자도 놓치지 않고 꼼꼼히 읽어 내려가며 "책이 이렇게 만들어지는 거구나."라고 연신 중얼댔다. 시계를 보니 새벽2시가 넘어있었다. 잠이 쏟아지기도 하고 시간이 늦어 나원이에게 "그만 자자, 나원아"하고 말한 뒤 불을 껐다. 그러자 잠시 뒤 나원이가 이불속에서 서럽게 우는 것이었다. 깜짝 놀라 이유를 물어보니, 작은 글씨로 설명해놓은 부분을 또 읽고 싶은데 엄마가 불을 끄는 바람에 못 읽게 되어 우는 거라고 말했다. 얼른 불을 켜, 나원이가 읽고 싶은 만큼 실컷 읽게 했고, 그때는 새벽 3시 30분이었다. 그날 밤, 불 끄고 누워 나원이와 책이 어떻게 만들어지는지에 대해 많은 대화를 나눴다. 나원이는 책을 통해 몰랐던 사실을 알게 되어 크게 기뻐하기도 했지만, 그보다 한 권의 책을 스스로 다 읽었다는 것에 무척이나 뿌듯해했다. 옆에서 지켜보던 나는, 그런 나원이가 대견스러웠다. 만약 얼른 자자고 아이를 설득했다면 나원이가 느낄 이 충만함을 다 빼앗아가는 꼴이 되었을 테니, 얼른 다시 불을 켜준 게 다행이다 싶었다. 출근 부담이 사라진 덕분에 아이와 실컷 누릴 수 있는 이 같은 일상에 새삼 감사했다.

물론 늦게까지 이어지는 잠자리 독서로 피곤한 날도 있었다. 아이들과 몸으로 심하게 놀아주었거나 멀리 외출을 하고 돌아온 날은 평소보다 몸이 몇 배로 무겁게 느껴졌다. 침대에 눕자마자 무겁게 내려오는 눈꺼풀 때문에 바로 잠들어 버릴 것만 같았다. 그래도 아쉬워하는 아이들 위해 몇 권이라도 읽어 줘야겠다고 생각했다. 물론 약간의 작전이 필요했다. 긴 글밥의 책을 고르거나 재미있는 책보다는 지식 관련 위주로 책을 골라 기회는 이때다 싶어 읽어주기. 아이들은 내 꼬임에 넘어간 듯 나보다 먼저 잠들어버렸다. 엄마의 꾐에 넘어간 아이들이 귀엽기도 하고, 한편으로는 조금 미안해져 내일 아침에 재미있는 책 많이 읽어줘야지 다짐하고 잠들었다. 피곤함을 달래기 위한 엄마 나름의 묘책이었다.

아이 독서를 통해 깨달음을 얻기도 했다.

나원이가 혼자 책 읽기에 재미 붙이던 어느 날, '어린이 첫 그림 한자 사전'이란 책을 사주었다. 나원이는 책을 받자마자 반 이상 몰입해서 보더니, 그날 밤 다 보겠다며 한 장 한 장 집중해 읽는 중이었다. 새벽 3시가 넘도록 계속 읽던 나원이가 갑자기 말했다. 아이 표정은 상기되어 있었다.

"엄마, 나 설레서 심장이 두근두근해. 이제 거의 다 읽어가."

평소 동생과 자기가 읽는 책들 중에는 백과사전 빼고 이렇게 두꺼운 책은 거의 없었는데 꽤 두꺼운 책을 끝까지 읽어 내려가고 있다는 사실에 스스로 매우 자랑스러워하는 것 같았다. 때를 놓치지 않고 독려해 주었다.

"나원아, 이 두꺼운 한자 책을 혼자서 다 읽어 내다니. 우와! 그것도 하루만에! 나원이 끈기가 대단하구나. 우리 나원이 엄청 뿌듯하겠다." 나는 나원이 마음을 읽어주었다.

스스로 무언가를 해냈단 자신감에 아이는 상기되어 있었고, 그런 나원이의 모습을 곁에서 지켜보는 것만으로도 엄마로서 참 행복했다. 늦은 시간이었지만, 아니 몇 시간 후면 해가 뜨는 이른 새벽시간이었지만 모두가 잠든 고요한 이 시간, 나는 나원이를 보며 아이의 잠재된 재능을 끄집어 낼 수 있는 원동력이 엄마의 따뜻한 시선과 기다림, 그리고 감탄이라는 사실을 깨달았다. 스스로 한자 책을 읽는 동안 난 내 책을 읽으며 기다려주고, 중간 중간 따뜻한 시선으로 바라봐주고 살펴봐주었다. 아이가 무언가를 해냈을 때는 마치 내가 아이가 된 듯 같이 기뻐해주고 감탄해주는 일이 아이가 자라는데 꼭 필요한 거름이라는 깨달음을 얻게 된 귀한 시간이었다. 이렇게 잠자리 독서를 하던 습관덕분에 나원이는 7살 때 다니던 단설유치원도 한학기만 다니고 그만두었다. 오로지 다음날 등원을 위해 나원이 습관이 된 잠자리 독서를, 시간통제를 하거나 제한해야하는 날들이 안타까웠기 때문이다. 나원이는 유치원을 그만둔 뒤, 다시 예전처럼 밤마다 읽고 싶은 책을 충분히 읽다가 잠들었다.

엄마 아빠가 이렇게 잠자리 독서에 온 정성을 기울인 사실을 딸들도 알아준 걸까? 설거지를 하다가 아이들이 너무 조용하다 싶어 방에 들어가 보면 나원이는 3살 어린 동생에게 글밥이 꽤 많은 그림책을 재미나게 읽어주고 있었다. 듣고 있는 동생 역시 초 집중 모드였다. 어찌나 두 녀석의 모습이 사랑스럽던지! 기특한 두 녀석의 모습은 잠을 이겨내며 잠긴 목소리를 가다듬어가며 책을 읽어주던 나의 숱한 나날들에 대한 선물 같았다.

아이들이 초등학교에 입학한 이후에도 잠자리 독서는 꾸준히 이어갔다. 삼국지, 톰 소여의 모험, 80일간의 세계일주등 아이들이 재미있어할 만한 고전을 골라 읽어주었는데 아이들은 늘 뒷이야기가 궁금하다며 매일 밤 잠들기 전 조금만 더 읽어주기를 원했다.

이제는 혼자서도 잘 읽는 둘째지만, 여전히 잠들기 전이면 내게 다가와 "엄마, 책 읽어줘."한다. 고학년이 된 첫째도 잠자리에서 엄마가 읽어주는 책은 늘 꿀처럼 달콤해하는 눈치다. 책 읽는 엄마 목소리 들으며 잠든 아이들의 표정을 보니, 입 꼬리가 살짝 올라가있다. 꿈속에서도 책 이야기가 계속 이어진 걸까? 아이들 이불을 덮어주며 상상해본다.

후회 따윈 없어

　　매일 새벽까지 아이들과 잠자리 독서를 하다 보니 아침에 아이들이 늦
잠을 자는 일은 너무 당연한 결과였다. 나는 아침에 출근하는 남편을 배웅
하기 위해서라도 일어났지만 아이들은 출근부담이 없는 엄마랑 하루 24
시간 붙어 지내니 누가 깨우기 전까진 충분히 자고 싶은 만큼 꿀잠을 잤
다. 그 시간은 나에게 꿀 같기도 했다. 아이들 잠들어 있는 이 시간이야말
로 나만의 유일한 자유 시간이었으니 말이다. 기관에 다니지 않는 딸들과
24시간 매일 붙어 지내는 나에겐, 이 시간이 더없이 소중하게 느껴졌다.
물론 아이들 곤히 자는 틈틈이 집안일도 해야 했지만, 나는 이 소중한 시
간의 대부분을 거실 창가에 앉아 책 읽으며 보냈다. 주로 읽은 건 육아서
와 교육서적이었다. 그리고 그 시간은 엄마로서 보다 성숙해지기 위해 묵
묵히 나 자신을 단련해나가는 귀한 시간이었다. 워킹맘이었다면 누릴 수

없는 호사였다. 업무에 빠져있을 시간에 여유로이 읽고 사색할 수 있던 모든 것은, 전업맘을 선택한 이후에 얻게 된 충만한 시간 덕분이었다.

회사를 다닐 땐 일상을 돌아볼 여유도 없을 만큼 앞만 보며 달렸다. 전업주부가 되고 부턴 하루하루를 돌아볼 수 있는 여유도 생겼다.

아이들이 잠든 조용한 아침, 매일 8시만 조금 넘으면 어린 아이들 울음소리가 동네 떠내려 갈만큼 크게 들려왔다. 하루가 멀다 하고 반복 되, 어느 날 부터는 그 시간만 되면 안방에서 자고 있는 우리 아이들이 깰까봐 두려웠다. 아침저녁으로 쌀쌀한 날씨에 창문을 닫아놓았는데도 아이들 울음소리가 크게 들렸다. 환기 시키려고 잠깐 창문을 열어놓기라도 하는 날엔 아이들이 금세 깰 것 같아 얼른 다시 창문을 닫았다.

우리 집 바로 앞에는 아파트 단지 안에 있는 어린이집이 있었다. '어느 집 아이가 이렇게 심하게 울지?'싶어 창문 밖을 내려다보니, 어린이집 문 앞에 세 네 살쯤 돼 보이는 어린 아이가 어린이집에 들어가기 싫다며 엄마 옷자락을 잡고 울고 불며 매달리고 있었다. 워킹맘처럼 보이는 엄마는 회사에 늦었는지 손목시계 한번, 우는 아이 한번 보고는 어쩔 줄 몰라 발을 동동 구르는 모습이었다. 어린이집 선생님도 밖에까지 나와 아이를 어르고 달래며 빨리 들어가자고 설득하는 게 보였다. 아파트 7층에서 내려다 본 모습이었지만 아이는 숨넘어가는 울음소리로 어린이집에 들어가는 것을 강하게 거부했다. 나는 창문을 내려다보다가 그 모습이 안쓰러워 나도 모르게 눈시울이 붉어졌다.

'서너 살 정도의 어린 아이들이 얼마나 엄마랑 떨어지기 싫으면 저렇게 목이 터져라 울어댈까?' 그 어떤 좋은 보육시설이라도 3, 4월 아이들 적응 시기엔 이 모습에서 크게 벗어나진 못할 것이다. 그러나 웬만큼 어린이집에 적응했겠다 싶은 5, 6월이 지나도 아이들 울음소리는 멈추지 않고 계속 이어졌다. 심지어 7월의 어느 여름 날에도 그치지 않았다. 가을이 오던 9월까지도 엄마와 떨어지기 싫어 목 놓아 울던 아이들도 있었다. 물론 어린이집 다니는 모든 아이들이 엄마와 헤어질 때마다 울었던 것은 아니지만, 아침시간에 독서 중인 내 귓가에 들리는 아이들 울음소리가 꽤 오랜 시간 이어졌으니 많은 아이들이 엄마와 떨어져 지내는 일상에 마음의 안정을 찾지 못하는 듯 보였다.

아무리 시설이 좋고 훌륭한 보육시설이라도 엄마의 사랑에는 비할 것이 못된다. 만 3세 이하의 어린 아이들은 낯선 사람이 일일이 신경 쓰기에는 불가능할 정도의 섬세한 보살핌이 필요하다. 첫째를 키우면서도 느꼈지만, 둘째를 키우면서 엄마가 가까이에서 매 순간 아이 행동에 적절히 반응해주고 다정한 눈빛을 보내주고 자주 안아주며 안정된 애착을 형성해나가는 것이 얼마나 중요한 일인가를 더욱 실감했다. 이것은 어린이집 선생님이 해줄 수 있는 일이 절대 아니었다. 물론 경제적 여건 때문에 맞벌이를 해야 하는 상황은 어쩔 수 없겠다. 하지만 아이를 키울 수 있는 여건이 되고, 일과 육아 중 전업맘을 선택할 수 있다면 이것이야말로 수억 원 버는 것보다 더 값진 일이고, 축복받은 일이라는 게 내 생각이었다.

직장을 관둔지 얼마 안 되었을 때 주변에서 종종 물었던 질문이 있다. 대기업 정규직과 연봉을 포기하고 육아를 선택한 것에 후회한 적 없냐고. 그때마다 망설임 없이 자신 있게 말했다.

"단 한 번도 후회한 적 없어!"

전업맘을 선택한 덕분에 매일 아이들과 놀이터에 나가 그네를 밀어주고, 같이 시소를 타고 같이 술래잡기를 하며 다시는 돌아오지 않을 유아시절의 해맑은 아이들 웃음소리를 배불리 들을 수 있었다. 전업맘을 선택한 덕분에 아이들 하루하루 한 뼘씩 몸도 마음도 건강하게 자라는 과정을 세밀하게 지켜보는 경이로움을 누릴 수 있었다. 전업맘을 선택한 덕분에 자라나는 중요한 시기에 내 아이들에게 안전한 먹거리로 매 끼니 식사를 챙겨줄 수 있었고, 아이들이 잘 먹고 쑥쑥 크는 모습을 지켜볼 수 있어 엄마인 내 마음은 더할 나위 없이 풍요로울 수 있었다. 전업맘을 선택한 덕분에 아이들이 느끼는 소소한 감정에 함께 공감하고 귀 기울여줄 수 있어서 아이들이 상황에 따라 자신의 감정을 자유롭게 표현할 수 있었고, 정서적으로 안정되게 자라날 수 있었다. 전업맘을 선택한 덕분에 아이들을 기관에 보내기 대신 24시간 함께 하며 아이들 좋아하는 책을 낮이건 밤이건 충분히 읽어줄 수 있어 독서를 즐기는 아이들로 자랄 수 있었다.

일하는 여성이라면 한 번쯤 고민해보았을 전업맘과 워킹맘 사이에, 나는 아이들과 나 둘 다 행복한 길이 무엇일까를 깊이 고민했었다. 그것은 아이가 엄마와 함께 하는 시간이었고, 나 역시 하루하루 자라나는 우리 아이들 삶에 내 시간을 기꺼이 선물하는 거라는 생각에 도달했다. 아이들에게 시간을 선물한 보상은 이루다 말할 수 없을 만큼 매 순간 나에게 환희 그 자체였다. 생명력 넘치는 아이들의 눈부신 성장을 바라보는 즐거움은 그 무엇과도 바꿀 수 없는 소중한 찰나의 모음이었기 때문이다. 지금도 살면서 어떤 결정을 내려야 하거나 선택이 필요한 순간, 내 삶에서 우선순위를 생각하게 된다.

'지금 이 순간에 그리고 미래를 위해서 무엇이 더 가치 있는 일인가?'

그런 의미에서 전업맘으로 마음 바꾸게 된 일은 여전히 신의 한수였다고 생각한다. 덕분에 우리 아이들 정서적으로 안정되어 몸도 마음도 밝고 건강하게 잘 자라주었으니, 이보다 더 감사할 수 있는 일이 어디 있겠는가!

엄마라서 가능했던 곰 세 마리

나원이 6살, 나연이 3살이 된지 한 달이 조금 넘은 2월의 어느 날이었다. 봄기운도 아직 느껴지지 않는 차가운 날 중의 하루였다. 그날은 얼마 전 새로 구입한 공기 청정기 업체 직원이 새집증후군 청소를 위해 방문 서비스가 있는 날이었다. 오시기 전 집을 치워 놓으려고 아이들과 아침밥을 서둘러 먹었다.

밥을 먹자마자 전날 아이들이 어질러놓은 장난감들과 여기저기 놓여있는 책들이 눈에 들어왔다. 혼자서 부산스럽게 왔다 갔다 하며 정리정돈하고 청소하기 시작했다. 아이들은 안방 침대에서 폴짝폴짝 뛰고 있었는데, 집에 누가 온다니 살짝 흥분된 모습이었다.

집에서 하루 종일 엄마랑 보내는 아이들은 그 당시 누가 온다고만 하면 갑자기 흥분을 하기 시작했다. 하다못해 도시가스 점검 아주머니가 벨을 누르고 들어오더라도 소리를 지르며 이방에서 저방으로 마치 술래잡기하듯 뛰어다녔다. 그날도 정리정돈 하느라 바쁜 엄마는 안중에도 없이, 아이들은 안방 침대 위에서 고래고래 큰소리로 노래 부르며 점프하고 있었다. 개구쟁이들이 따로 없었다. 귀가 하도 따가워 "얘들아 조금만 조용히 하고 있자!"라고 말하는 내 목소리는 아이들 노랫소리에 묻혀 다시 되돌아오는 듯 했다.

사고는 정신없는 와중 별안간 일어났다. 작은방에 있던 아이들 의자를 옮기려고 들고 가다, 수면양말을 신고 있던 내가 갑자기 쭈욱 미끄러진 것이다. 아뿔싸! 순간 내 몸이 붕 떴다. 떨어지는 찰나 무척 아찔했다. 마치 슬로우비디오를 연출하듯 내 몸이 바닥에 뚝! 떨어지기까지 머릿속에서 많은 생각이 스쳤다. 내 손엔 아이들의 플라스틱 의자가 들려있었고, 그걸 놓치기라도 하면 어느새 내 근처에 와있는 아이들이 다칠 거라는 건 불 보듯 뻔한 일이었다. 어떻게 해서든 손에서 의자를 놓치지 않아야했다. 재빠르게 손목을 비틀어 의자를 아이들이 있는 곳과 반대방향으로 던졌다. 바닥에 쓰러진 난 꺾인 왼쪽 손목을 부여잡았다. 그리고 한참을 뚫어져라 바라보았다. 아픈 통증에 눈물이 절로 나왔다.

손목은 순식간에 휘었다. 무서워 겁부터 났다. 아이들은 넘어져서 쓰러져있는 내 곁으로 뛰어와 "엄마 괜찮아?"라며 놀라서 울음을 터뜨렸다. 방금 전까지만 해도 안방 침대 위에서 폴짝폴짝 뛰며 큰 소리로 신나게 노래 부르던 아이들의 모습은 온데간데없었다. 아이들은 잔뜩 겁에 질린 모습이었다. 나원이는 내 핸드폰으로 바로 아빠에게 연락해 엄마가 다쳤다고 다급하게 알렸다. 남편은 무슨 일이냐며 수화기를 엄마에게 갖다 대라고 말했고, 나는 지금 일어난 이 상황을 울며 이야기했다. 팔이 부러진 거 같다고! 내 손목이 이상하다고만 반복했다. 그 때 마침 우리 집 초인종이 울렸다. 마치 우리를 도와주려고 하늘에서 내려준 구세주 같았다. 다름 아닌 택배 아주머니였다. 아주머니께선 쓰러져 울고 있는 날 보자마자 "아이고, 애기엄마 무슨 일이에요?"라고 물어보셨고, 나는 넘어져 다쳤다는 걸 말씀드렸다. 아주머니는 당장 구급차를 불러주겠다며 119에 전화하여 들고 계신 택배박스에 적힌 우리 집 주소를 구급대원에게 불러주었다. 도와주신 택배 아주머니께 그저 감사했다.

나는 쓰러진 채 손목만 부여잡고, 아무것도 하지 못하고 있었다. 자세히 보니 손목 모양이 평소와 달리 좀 이상하고 통증도 심하게 느껴졌다. 손목의 모든 감각이 처음 느껴보는 감각이었다. 두려움이 밀려왔다. 그 사이 우리 나원이는 내복차림이었던 동생을 외출복으로 갈아입히고, 잠바까지 다 입힌 상태였다. 물론 자기도 엄마를 따라 병원에 갈 준비를 다 해놓았다. 6살 아이가 긴박한 상황에서 판단을 재빠르게 하고, 스스로 옷을 서둘러 챙겨 입고, 동생까지 챙긴 상황이 대견했다. 아주머니 덕분에 생각보다 빨리 구급대원들이 도착했다. 구급대원 두 명이 우리 집에 왔다. 여성소방대원은 내 손목을 보자마자 골절이라고 단번에 알아차렸다. 부러진 게 확실한 듯 했다. 그래도 제발 심하게 부러진 게 아니길 바라고 또 바랐다. 구급대원은 내 손목을 붕대로 칭칭 감아주었다. 나는 부축 받아 일어난 뒤, 겨울 잠바를 어깨위에 걸치고 신발을 신었다. 6살 나원이는 현관문 앞에서 소방대원 아저씨에게 말했다.

"아저씨, 제 동생이 어려서요. 빨리 가야 할 텐데 좀 안아주실 수 있으세요?"

그 다급한 상황에 울면서 동생을 챙기는 나원이가 무척 야무져보였다. 아이들의 상황 대처능력은 어른이 생각하는 이상으로 뛰어나다는 사실을 실감했다. 소방대원 아저씨는 나원이 부탁에 알았다고 대답하며 나연이를 안고, 구급차에 태웠다. 그렇게 우리모녀는 생애처음으로 구급차 뒷좌석에 타게 되었다.

구급차 뒷좌석에서 맞은편에 앉아 있는 두 딸을 보니, 이제야 아이들 얼굴이 자세히 눈에 들어왔다. 눈물 콧물이 범벅되어 있었다. 놀라서 잔뜩 얼어있는 아이들을 보니 너무 미안해졌다. 숨을 고르게 가다듬었다. 순간 아이들의 마음을 풀어주고 싶었다. 난 간신히 미소 지으며 아이들에게 말을 걸었다.

"나원아, 나연아 엄마 때문에 많이 놀랐지? 엄마가 넘어져서 너무 미안해. 우리 구급차 처음 타본다. 그치? 구급차 안은 책에서만 보았는데 이렇게 생겼네. 우리가 구급차를 타다니 정말 신기하다. 엄마가 곰 세 마리 노래 불러줄까?... 곰 세 마리가 한집에 있어. 아빠 곰, 엄마 곰, 애기 곰."

나는 노래를 끝까지 다 불렀다. 아이들의 표정은 여전히 얼어있었다. 한 곡을 다 부를 때까지 병원에 도착하지 못하여 바로 이어서 '작은 동물원' 노래까지 불러주었다. 내 옆에 앉아계신 구급대원이 아이들을 바라보며 미소를 지으셨다. 내 노랫소리에도 불구하고 아이들의 잔뜩 긴장된 마음은 쉽게 풀리지 않는 듯 했다. 구급차에서 동요를 부른 건 아이들의 크게 놀란 가슴 조금이라도 안정을 찾길 바라는 엄마의 마음에서였다. 사실 아이들 키우며 가끔은 나도 모르게 자동 반사적으로 나오는 내 행동에 스스로도 놀라울 때가 종종 있다.

지금 생각해도 그때 그 상황에 천연덕스럽게 노래를 부른 사실은 남들이 들으면 좀 의아해할 일이다. 하지만 구급차에 실려 가며, 내 손목이 아픈 것보다 나를 걱정하는 아이들의 모습이 더 선명하게 보였고, 그저 아이들 놀란 마음이 안쓰러울 뿐이었다. 구급차 뒷좌석에서 내가 할 수 있는 일은 부러진 내 손목을 부여잡고, 엄마로서 두 딸들의 놀란 마음을 어루만져주고, 진정시켜주고 엄마 괜찮다고 계속해서 안심시켜주는 게 최선이라는 생각뿐이었다. 우린 집에서 가장 가까운 병원 응급실에 도착했고, 엑스레이부터 이것저것 검사하러 왔다 갔다 하는 동안 나원인 동생 나연이 손 꼭 잡고, 나란히 응급실 의자에 앉아 나를 기다려주었다.

회사에 있던 남편은 나원이 전화를 받자마자 부리나케 병원으로 달려와주었다. 급하게 온 모습이 역력했다. 남편을 보자마자 긴장되었던 내 마음도 한결 안정되었다. 아이들도 아빠를 보자마자 안기며 조금씩 안정을 찾아갔다. 나중에 남편한테 들은 얘기로는 나원이 전화 받고 기절할 듯 놀랐는데 수화기로 들려오는 내 목소리는 다친 사람치고는 엄청 침착했다고 한다. 잘 기억나진 않지만 최대한 아이들 놀라지 않게 하려고 나 나름대로 그랬던 모양이다.

난 내 이름을 부르는 의사의 호명에 곧장 병실로 들어갔다. 그러더니 나보고 침대에 누우라고 했다. 긴장된 상태로 침대에 눕자마자 직원 한명이 손목에 감겨있는 붕대를 풀었다. 정형외과 직원으로 보이는 두 명의 남자 직원이 다가와 말했다.

"부러진 팔을 잘 맞추기 위해 저희가 세게 잡아당길 거예요. 생각보다 심하게 아플 텐데 밖에서 아이들이 들으면 놀랄 수 있으니 너무 크게 소리

지르시지는 마세요."

밖에서 기다리는 내 어린 아이들을 위해 미리 조언해주는 병원 직원이 나름 고맙기도 했다. 한편으론 '대체 얼마나 아프면 저런 말을 하지?' 또 다시 두려움이 밀려왔다. 가뜩이나 겁 많은 성격인데 처음 겪는 일이라 너무 무서웠다. 심장이 요동쳤다. 건강한 체격의 두 남자직원들은 양쪽으로 내 손목을 서로 잡아당기기 시작했다. 말해준대로 뼈를 잡아당기는 고통은 매우 심각했다. 밖에서 기다리는 아이들이 내 소리를 듣고 놀랄까봐 다치지 않은 오른손으로 내 입을 꽉 틀어막았다. 생 뼈를 잡아당기는 고통은 이루 말할 수 없이 참기 힘들었다. 너무 아파서 "악!"소리가 저절로 나왔지만 멀쩡한 오른손으로 입을 꽉 막고 있었기에 아이들과 남편에게는 내 고통이 전해지지 않았으리라!

내가 누워 있던 병실 안에서 내 부러진 왼팔을 있는 힘껏 세게 잡아당겨야 했던 직원들은 분명히 들었다. 나의 고통스러워하는 그 소리를 말이다. 너무 아파 어쩔 줄 몰라 하는 나에게 직원들 반응은 의외였다.

"이렇게 우아하게 소리 내시는 분은 처음 봐요. 정말 많이 아프실 텐데 소리를 참으시다니 대단하시네요."

나는 뭐라고 대답할 기운조차 없었다. 나름 참을성 있다는 소리로 들렸다. 몇 번의 잡아당김 끝에 이제 다 됐다는 직원의 말을 듣고, 안도의 한숨을 내쉼과 동시에 등줄기로 진땀이 주르륵 흘렀다. 서른다섯 내 인생에서 이렇게 큰 고통을 느껴 본적이 있었나? 병실 문을 열고 나와 남편에게 말했다. 생 뼈를 잡아당기는 고통은 출산의 고통보다 더 아팠다고! 나는 뼈에 철심을 박는 수술을 해야 했고, 철심을 박은 채로 6개월간 지내다가 뼈가 잘 아물면 6개월 후에 철심 제거 수술날짜를 다시 잡아야했다. 정작 수술은 걱정이 안 되었는데 깁스를 끼고 한쪽 팔로만 아이들과 생활하려면 꽤 불편할 것 같아 그게 제일 걱정되었다.

나는 남편에게 아이들을 데리고 집으로 가있으라고 했다. 남편은 혼자 있어도 되겠냐며 발이 안 떨어진다고 했다. 나는 등 떠밀며 남편과 아이들을 겨우 집으로 보냈다. 아이들과 남편을 집으로 보낸 그 시간, 병실에 혼자 있자니 왠지 쓸쓸하여 친한 친구에게 이 사실을 알렸다. 내 전화에 단숨에 달려와 준 친구에게 오늘 집안에서 넘어진 일부터 시작해서 구급차에서 곰 세 마리 노래 부른 얘기, 생 뼈 잡아당긴 얘기 등을 모두 털어놓았다. 이야기 듣던 친구는 구급차안에서 아픈 와중에 아이들에게 노래 불러줄 사람은 너밖에 없을 거라고 했다. 우리는 서로를 보며 깔깔깔 거리고 웃었다.

그날 밤,

아이들과 남편, 친구가 모두 떠난 시간 나는 오늘 있었던 일을 찬찬히 떠올려 보았다. 그리고 엄마가 된 나를 깨달았다. 부러진 왼쪽 손목이 금세 나을 수 있을 것 같은 게, 엄마인 나는 한층 더 강해져 있었다.

공연히 나원이, 나연이가 그리워졌을 뿐이다.

오롯이 함께한 7년

얼마 전 회사 다닐 때 친하게 지냈던 동생과 오랜만에 만날 일이 있었다. 동생은 나보다 먼저 퇴사해, 현재는 4살짜리 딸이 있다. 육아가 힘들었는지 동생은 4살배기 딸을 집 근처 어린이집에 보내고 있다고 했다. 그런데 이야기를 꺼낸 동생 표정이 어두워보였다. 이유인즉, 어린이집에 보낸지 얼마 지나지 않아서부터 아이가 밤마다 심하게 울며 잠에서 깬다고 했다. 동생은 밤마다 울어대는 아이를 달래느라 몸도 지쳐있었고, 이유를 정확히 모르니 심적으로도 상당히 걱정하는 눈치였다. 나는 아이가 그동안 엄마와 편안하게 지내다가 어린이집에 다니면서 생활환경이 변화되어 바뀐 환경에 혹시 불안함이나 스트레스를 느끼고 있는 건 아닌지 잘 살펴보라는 이야기와 함께 우리 아이들 이야기를 들려주었다. 특히 둘째 나연이를 7년 동안 어린이집이나 유치원에 한 번도 보내지 않고 학교에 입학 시킨 얘기를 꺼냈다. 그 말을 듣더니 갑자기 눈이 커진 동생은 나를 보며 "언니 미쳤구나?"라고 했다. 그 말에 어찌나 웃음이 나오던지. 아, 요즘은 어린이집에 기저귀도 떼기 전부터 다니는 어린 아이들도 있으니 7년 동안 기관에 단 한 번도 안 보낸 나 같은 사람은 미친 사람 취급을 당하는구나 싶어 쓴 미소가 지어졌다.

첫째 나원이는 다섯 살 때 유치원 몇 개월 다닌 것과, 일곱 살이 되어 집 근처 초등학교에 생긴 단설 유치원에 한 학기 다닌 게 전부다. 나머지 시간은 내내 집에서 보냈다. 나원이가 나중에 말하기를 "엄마, 다섯 살에 유치원을 가는 건 너무 어린 것 같아. 일곱 살에 가는 게 딱 좋은 것 같아. 일곱 살에 다녀보니 재미있고 좋았어." 라고 말했다. 경험한 아이 입으로 직접 들으니 더 그럴듯하게 와 닿았다. 나는 첫째가 해준 말을 귀담아 들었다. 그리고 아이가 해준 이야기는 둘째 키우는데 실질적 도움이 되어, 나연이 다섯 살까지 아무데도 보내지 않을 수 있었다. 나연이가 여섯 살이 되었을 때, 유치원에선 어떤 활동을 하는지 보다 자세히 설명해주었다. 나연이에게 혹시라도 유치원에 가고 싶은지 물어보기 위해서였다. 나연이는 엄마랑 집에서 지내는 생활이 너무 좋다며 유치원에 가지 않겠다고 했다. 나는 나연이의 의사를 존중해주었다.

경험이 있는 나원이가 내게 해준 말대로 다섯 살은 아직 어리다는 판단 하에 엄마랑 더 놀자 라는 생각으로 둘째를 기관에 보내지 않았다. 이런 결정은 유치원 선생님인 친구의 조언도 한몫했다. 유아교육과를 전공해 유치원에서 오랜 기간 선생님으로 몸담았던 친구는 말해주었다.

"난 결혼해서 상황만 된다면 내 아이가 다섯 살이 되어도 유치원에 보내지 않을 거야. 다섯 살은 아직 어려서 여섯 살이나 일곱 살에 입학해도 충분해. 절대로 늦지 않아. 오히려 가능하다면 엄마랑 지내면서 아직 서툰 일상을 스스로 할 수 있게끔 엄마가 지켜보는 가운데 이루어지게 하면 훨씬 좋은 것 같아." 나도 친구의 말에 전적으로 동의했다.

첫째 나원이를 유치원에 몇 개월 보내고 나서 많이 실감했던 터였다. 나원이는 또래보다 발달 수준이 빠른 편이었다. 고작 다섯 살이었지만 이미 한글을 깨우쳐 읽고 쓰고 할 수 있었고, 말도 또박또박 잘해서 야무지다는 소리를 번번이 듣고 지냈다. 용변 보고도 스스로 처리할 줄 아는 상태였다. 이렇게 또래에 비해 성숙했던 나원이도 유치원에서 여러 아이들과 생활하는 거에는 많이 어수선해하고 불편해했다. 유치원에는 나원이를 각별히 아껴주던 담임선생님도 있었지만 나원이 스스로가 기억하는 다섯 살 때 유치원 생활은 즐겁지 않았다고 했다. 물론 아이들마다 유치원에 대해 느끼는 감정은 모두 다를 것이다. 그러나 오랜 시간 유치원 선생님이었던 친구 말로, 다섯 살 아이들을 유심이 관찰해 보니 심적으로 유치원에 잘 적응하지 못하는 아이들이 평균적으로 많았다고 한다. 20명 가까이 되는 아이들을 한 두 명의 선생님이 지도하다보니 1대1로 적절한 반응이나 상호작용해주기가 현실적으로 어렵고, 더욱이 아이에 맞는 맞춤 수업은 거의 불가능하다고 했다. 친구 이야기를 듣고 나원이가 집에서 엄마와 지내는 것을 훨씬 더 즐거워했던 이유도 그래서가 아니었을까 생각했다. 한 달에 반 이상을 안가겠다고 하여 빠진 날이 더 많았던 나원이었다.

그러나 일곱 살 때 나원이 반응은 전혀 달랐다.

나원이는 단설 유치원 입학한 첫날부터 즐거워했다. 여섯 살 내내 엄마, 동생이랑 지냈기에 유치원 선생님 그리고 또래 친구들과 지내는 거에 나원이는 설렘 반 기대 반이었던 것 같다. 시어머님을 비롯하여 친정언니들까지 나원이가 오랫동안 엄마랑 지내서 유치원생활에 적응을 잘 할 수 있을까 걱정이 많았는데 나원이는 괜한 걱정이란 듯 누구보다 적응도 빨랐고, 정말 즐겁게 다녔다. 육아서를 통해 선배 맘들 조언을 듣다 보면 육아에 있어 부모가 기다려주는 것이 무엇보다 중요하다란 이야기를 강조한다. 여섯 살 내내 딸아이 몸과 마음이 한 뼘 더 성장하기를 여유 있게 기다렸던 것이 새삼 뿌듯하게 느껴졌다.

나원이 일곱 살이 되어 유치원에 보내야겠다고 결심한 가장 중요한 이유는 나원이 초등학교 입학 전 단체생활을 경험해보게 하고 싶어서였다. 동갑내기 친구들과 같은 반에서 놀며, 협동하며 보내는 시간을 조금은 갖게 하고 싶었다. 다섯 살 때 보낼 때와는 다른 마음이었다. 일곱 살이 된 나원이를 보니 어디에 내놔도 적응을 잘 할 거처럼 보였다. 집 앞엔 마침 국공립 단설 유치원이 있었다.

유치원에 입학하기 전 아이에게 먼저 물어보았었다. 아이 마음을 확인해보기 위해서였다. 유치원 가고 싶은지 묻자, 나원이는 가겠다고 했다. 운이 좋아 들어가게 된 국공립 유치원은 9시 30분에 수업시작해서 2시에 하원 하는 스케줄이었다. 하원하는 나원이 표정은 언제나 밝았다. 상기된 표정의 나원이와 몇 마디 나눠보니 오늘도 즐겁게 보냈음을 알 수 있었다. 하원하고는 놀이터로 직행해 유치원 친구들과 뛰어놀거나 원내 도서관에 가 책 빌려 보는 것이 나원이 일상이 되었다. 다섯 살, 유치원에 흥미 느끼지 못하던 나원이 모습은 어디에도 찾아볼 수 없었다.

한참 더운 여름날이었다. 유치원 방학을 맞은 나원이는 동생과 집에서 소꿉놀이 중이었다. 나원이 보고 있자니 문득, 몇 개월 후면 초등학교에 입학 하는 구나란 생각에 기분이 묘해졌다. 나는 나원이 입학 전 남은 몇 개월을 유치원에서 보내기보다 좀 더 자유롭게 생활하며, 집에서 우리와 돈독한 시간을 보내면 어떨까 생각했다. 유년기 마지막 6개월을 뜻 깊게 보내는데 엄마로서 도와주고 싶었다. 나원이에게 '유치원 딱딱한 의자에 앉아있기 힘들지 않아?'라고 먼저 물어볼까? 아니면 '어차피 학교 들어가면 딱딱한 의자에 오래 앉아있어야 할 텐데 몇 개월 쉬면서 실컷 놀다가 학교 들어가는 거 어때?'라고 물어볼까 하고 궁리했다. 그리고 2학기가 시작할 즈음 나원이에게 물어보았다.

"나원아, 유치원 다니는 거 즐겁니?"

"응, 엄마." 나원이는 그렇다고 했다.

나는 나원이가 단체생활도 잘하고, 친구들과도 사이좋게 즐겁게 지내는 모습에 입학해서도 잘 적응 하겠구나 라는 믿음이 있었다. 입학 전 단체생활 경험은 이것으로 충분하다는 판단은 그런 나의 믿음에서 왔다. 나원이에게 혹시 2학기 때는 다시 집에서 엄마와 동생과 노는 게 어떻겠냐고 살짝 이야기해보았다. 한창 호기심 많은 아이, 에너지 가득한 신체와 활발한 두뇌활동으로 역동성 넘치는 이 시기에 딱딱한 의자에 앉아 정해진 프로그램대로, 규칙에 맞게 활동하기보다는, 아이를 좀 더 자유롭게 놀게 하고 싶은 마음에서였다. 집안이든 밖이든 하고 싶은 놀이, 제한된 시간 정해짐 없이 실컷 하게 하고 싶은 엄마 마음이었다. 자유로운 놀이 속에서 상상력과 창의력이 쑥쑥 자라게 하고 싶었다. 내 질문에 나원이는 되물었다.

"갑자기 왜 유치원을 그만두어야 해?"

"어차피 6개월 후에 입학하면 학교에서 수업 끝날 때까지 딱딱한 의자에 계속 앉아 있다가 집에 올 텐데 학교 들어가기 전에 엄마랑 더 노는 거 어때? 집에서 편하게 놀고 싶은 만큼 실컷 놀면서 보고 싶은 책도 보고 요즘 유치원 다니느라 나원이 읽고 싶은 책도 많이 못 읽었잖아. 2학기 때는 유치원 그만두고, 집에서 예전처럼 엄마랑 동생이랑 자유롭게 지내는 거 어떨까 해서."

나원이는 한참을 고민하는 듯 했다. 일곱 살이 되니 유치원 생활에 꽤나 만족하는 나원이었다. 고민 끝에 나원이는 알겠다고 말해주었고, 그렇게 나원이는 7세 한학기로 초등학교 입학 전 유치원 생활을 마무리했다. 다시 엄마와 동생과 함께 매일 24시간 붙어 지내게 되었다. 나중에 학교 입학할 즈음 나원이는 나에게 말해주었다.

"엄마~ 사실은 엄마가 유치원 그만두고 집에서 놀래? 라고 했을 때 유치원 다니는 것도 재미있어서 유치원 그만두고 심심할까봐 걱정했는데 나 엄마랑 다시 집에서 나연이랑 보내면서 심심하지 않고, 너무 즐겁고 엄청 좋았어. 학교가기 전에 다시 유치원 그만 둔거 정말 잘했던 거 같아."

나원이가 유치원 그만두고 집으로 돌아와 함께 보낸 6개월 동안의 일상이 머릿속에 스치며 선물 같은 말을 건네준 나원이에게 무척 고마웠다.

"엄마도 나원이랑 더 오래오래 같이 있을 수 있어서 너무 행복 했어 나원아~~"

둘째 나연이도 마찬가지였다. 6개월 지나 나원이는 학교에 입학했고, 같은 해에 둘째 나연이는 다섯 살이 되었다. 언니가 학교에 간 사이 나연이는 실컷 자고 일어나 천천히 아침 먹으며 하루를 시작했다. 나연이가 아침밥을 먹는 동안 난 곁에서 그림책을 읽어주었다. 내가 설거지를 하는 동안 나연이는 혼자 책을 읽거나 영어 DVD를 보며 시간을 보냈다. 초등학교 1학년인 나원이는 1시에 학교수업이 끝났는데 어느덧 학교 마칠 시간이 되면 우리는 손잡고 나원이 학교 정문 앞까지 마중 나갔다. 언니와 교문 앞에서 만난 나연이는 뒤도 안 돌아보고 놀이터로 직행했다. 비가 오거나 미세먼지가 심한 날 빼곤, 우리 세 모녀는 어김없이 집 앞 놀이터에서 몇 시간씩 놀다 들어왔다. 우린 한곳의 놀이터가 재미없어질 무렵이면 근처의 또 다른 놀이터로 옮겼고, 그렇게 놀이터를 옮겨 다니며 시간 가는 줄 모르게 놀고 또 놀았다.

1년을 보내고, 나연이가 여섯 살이 되었을 때 나는 나연이에게 물어보았다. 유치원에 가고 싶은지. 나연이는 엄마랑 노는 게 제일 재미있다며 유치원에 가기 싫다고 했다. 근처에 가깝게 유치원 몇 군데가 있었지만 나연이 대답에 넣어볼 생각조차 하지 않았다. 그렇게 나연이도 언니처럼 6세가 되어서도 엄마랑 함께 보냈다.

7세 이전의 아이들은 어른의 일상적인 생활을 모방하며 더 많은 것을 배울 수 있다고 한다. 정말 그랬다. 나연이는 내가 요리를 할 때마다 곁에 와서는 야채 다듬기부터 껍질 까고 자르는 거까지 가까이 지켜보며 배우고 싶어 했다. 나는 그때마다 성심성의껏 가르쳐 주었다. 어린 아이들은 자신과 신뢰가 형성된 엄마와 편안한 환경 속에서 일상을 통해 자발적으로 의미 있는 행동을 하려는 의욕을 자연스럽게 갖게 된다. 언니가 학교에 가고 나와 오붓하게 있던 나연이는 항상 내가 무언가를 할 때마다 나를 도와주려고 했고, 새로운 것을 배우려는 재미에 푹 빠져 지냈다. 어느 날은 요리하기를 즐겼던 나연이에게 아낌없이 칭찬을 퍼부었더니 엄마 칭찬을 먹은 나연이는 재료손질에 거리낌 없이 반응했다. 꿈틀거리는 쭈꾸미며 오징어, 낙지 등 살아있는 것들도 아무렇지 않게 만지며 깨끗이 씻어주어 놀라웠다. 설거지 또한 야무지게 해냈다. 이 시기의 아이들은 몸 전체가 하나의 감각 기관이라서 스스로의 감각을 통해 직접 세상을 만나고 알아가고 싶어 한다는 것도 엄마로서 알아두면 좋은 팁이다.

7살까지 어린이집이나 유치원에 한 번도 다녀본 적 없던 나연이는 초등학교에 입학 후, 학교에 잘 적응하여 친구들과도 매우 재미있게 지내는 모습을 보여주었다. 어느 날 담임선생님과 학부모면담이 있던 날이었다. 담임선생님은 남자분이셨는데 나에게 말씀하셨다.

"나연이는 정말 야무져요 어머니. 또 친구들과도 너무 잘 놀고, 배려심도 깊어서 자기에게 주어진 과제나 공부를 마친 뒤엔 짝꿍이 몰라서 못하고 있으면 친절하게 도와주기까지 하고요. 제가 오히려 어머니께 나연이를 어떻게 키우셨는지 묻고 배우고 싶어요."

상담을 마치고 나오며 선생님이 들려준 이야기가 마치 7년간 나연이와 껌딱지처럼 붙어 지내며 끈끈하게 쌓은 긴밀한 신뢰와 사랑으로 이루어낸 결과로 들렸다. 운동장 지나 교문을 빠져나오며, 얼른 우리 나연이가 보고 싶어졌다.

아이의 사회성

"인사 잘하니 서울대학교에 가겠네!"

어느 날 학교에서 돌아온 나원이가 웃으며 이야기를 꺼냈다.

"엄마, 집에 오는 길에 엄마랑 같이 길가다가 한번 마주친 할머니를 오늘 또 만났어. 근데 내가 할머니 보고 인사했더니 나보고 인사 잘한다고 서울대가겠네~ 그러셨어, 서울대는 나처럼 인사 잘하는 아이가 가는 곳이래 할머니가."

할머니의 말씀이 인상 깊었는지 나에게 말하는 내내 웃음가득 띤 얼굴이었다.

아이들을 둘 다 학교에 보내보니 사회성이 떨어질까 봐 걱정하는 초등학교 1학년 부모들이 있다면

"인사하는 것만은 꼭 가르치세요." 라고 말하고 싶다. 부모가 처음 보는

사람에게도 반갑게 인사하고, 아는 사람에게 먼저 인사하는 모습을 보이면 아이들의 사회성도 저절로 좋아진다고 난 믿는다.

　나원이도 처음부터 누구에게나 스스럼없이 먼저 인사하는 아이는 아니었다. 다섯 살 때 동네 이웃 어른들을 만나거나 친구 엄마를 만나도 내 뒤로 몸을 숨기거나 인사에 있어 매우 소극적인 태도를 보였었다. 그러나 언젠가부터 어디를 가든 엄마인 내가 먼저 적극적으로 인사하는 모습을 보이고 나니 서서히 아주 조금씩 바뀌기 시작했다.

　심지어 나원이는 성격마저 바뀌었다. 나원이는 사람들 앞에서 발표하고 나서서 하는 것에 매우 부끄러워했다. 또래친구들과 어울려 활발하게 노는 성격도 아니었다. 집에서는 엄청 활발하고 매일같이 춤추고 노래하며 명랑하게 지냈으나 유치원에서 단체생활을 하며 보인 나원이 모습은 부끄러움 많고 내성적인 조용한 아이였다.

　남편은 나원이의 이런 내성적인 모습을 조금은 걱정하기도 했었다. 나는 다른 의견이었다. 나는 나원이 성격을 잘 알고 있었다. 시간이 지나며 분명 사회성 길러질 것이라 믿었기 때문에 조바심 내지 않았다. 대신 우리 부부는 부모로서 타인과 관계 맺는 부분을 거울삼아 보여주기로 했고, 아이의 감정을 민감하게 느끼고 읽어 표현해 주려고 했다. 또, 상황 따라 자신을 드러내는 모습을 잘 보여주어야겠다고 마음먹고 실천했다.

　사회성이란 대인관계의 원만성이기도 하고, 타인에 대한 정서적 민감도이기도 하다. 정서적 민감도는 엄마와의 관계를 통해 형성되는데 어릴 때 엄마가 아이의 감정을 민감하게 느끼고 읽어서 표현해 주면 아이도 자신의 감정을 잘 읽고 건강하게 표현하게 된다. 아이들을 너무 어릴 때부터 사회성 발달을 위한다는 이유로 또래 집단만으로만 구성된 어린이집이나 기관에 보내는 것이 사회성 발달을 위한 유일한 방법은 결코 아니다. 오히려 진짜로 필요한 것은 엄마와의 1대1 상호작용과 긴밀한 애착이고 이것이 훨씬 더 중요하다. 자신을 전적으로 믿어주는 보호자 곁에서 충만한 사랑과, 배려와, 존중 받으며 자라는 게 사회성 발달에 훨씬 더 좋은 영향을 끼친다. 요즘은 기저귀도 안 뗀 어린 아이를 너무 일찍부터 어린이집에 맡기니 길러지지 않아도 될 그릇된 사회성까지 만들어지는 건 아닌지 우려의 목소리도 들려온다.

참고가 될까 싶어 이야기하자면, 아이들은 저마다 발달 속도가 다르다 보니 나원이처럼 천천히, 그리고 점점 사회성이 좋아지는 아이도 있다. 사회성 관련 육아서적을 보다보면 전문가들은 말한다. 리더십 있고, 적극적이며, 붙임성 있는 성격만이 사회성이 뛰어나다고 바라보는 관점은 너무 편향된 관점이라고. 외향적인 성향의 아이라도 사회성이 좋지 않은 경우도 꽤 많으며, 반대로 내향적인 아이라도 깊은 유대관계를 형성하고, 좋은 친구들을 많이 만들 수 있다고 말이다. 그러므로 부모는 사회성에 대한 관점을 보다 다양하게 넓힐 필요가 있다. 내 아이를 잘 파악하여 아이 성격에 맞는 대인관계 능력을 키워줄 필요가 있는 것이다.

어쨌거나 엄마아빠의 노력 덕분이었는지 나원이는 7살에 다니던 유치원에서 정말 놀라울 만큼 달라져있었다. 자신이 먼저 친구들에게 다가갔으며, 5세 때와는 비교도 안될 만큼 친구들과 선생님과 즐겁게 생활하며 신나게 다녔다. 덕분에 남편과 나는 나원이 사회성 관련으로는 더 이상 염려하지 않게 되었다.

나원이가 초등학교 1학년 입학하자 내가 1년 동안 꾸준히 한 건 나원이 등교할 때 손 잡고 같이 나가 학교 앞 신호등에 서 있는 녹색 어머니들에게 "수고 많으십니다."라고 인사를 건네는 거였다. 녹색 어머니는 전 학년 학부모들이 반별로 돌아가면서 맡아 하는 일이라 처음 보는 분들이 대부분이었다. 아이에게 인사의 중요성에 대해 가르치기 위해 내가 먼저 낯선 사람들에게 다가가 인사하는 것을 직접 보여준 것이다.

두 딸이 기관에 다니지 않았다는 이유로 사회성에 대해 은근히 걱정 하던 지인들은 나원이, 나연이 초등학교에 입학해 학교 즐겁게 잘 다니고, 또래 친구들과 누구보다 잘 지내는 모습에 요즘은 오히려 칭찬을 아끼지 않고 있다. 나원이 3학년 되고, 담임선생님께서는 학부모 상담 때 이런 말씀을 들려주셨다.

"나원이는 앞으로 학년이 더 올라가도 친구 문제로 고민이 생기는 일은 아마 없을 거예요 어머님. 성격이 워낙 털털하고, 배려심 깊고, 선입견 없이 친구들 대하다보니 아이들이 다 좋아해요. 보통 여자아이들은 친구 관련해 고민도 많고, 문제도 많은데 아마 나원이는 제가 보기에 앞으로도 그런 일은 없을 것 같네요."

나원이를 눈여겨 지켜보시고 세심하게 알아차려주신 담임선생님께 감사하기도 했고, 한편으론 나원이의 어린 시절, 어린이집이나 유치원에 안 보내 아이 사회성이 걱정된다며 들어야 했던 숱한 말들이 귓가에 맴돌았다. 엄마 육아의 결실을 하나씩 맛보고 있는 내 가슴이 나원이 덕에 뻥 뚫리기라도 한 듯, 속이 다 후련했다.

올해 6학년이 된 나원이는 어떤 아이에게도 순수하고 순박하게 마음을 열줄 아는 따뜻한 아이로 자랐다. 덕분에 6학년 새 학기가 시작되자마자 반 친구들에게 많은 표를 얻어 이번에도 회장이 되는 행운을 얻었다. 4학년 때는 이런 일도 있었다. 같은 반이었던 친구 중 특히 나원이를 많이 좋아해주던 친구가, 5학년 때 나원이와 같은 반이 안 되었다고 겨울방학식 날 나원이를 끌어안고 펑펑 울었다고 한다. 첫째한테 들어보니, 그 친구한테 진심어린 손 편지도 여러 번 받아왔고, 4학년 나원이가 반에서 회장이 되었을 땐 누구보다 기뻐하고 축하해준 친구였다고 한다. 나원이 친구를 통해 첫째의 사회성을 실감한 계기였다.

동생은 언니를 본보기 삼아, 마치 자신의 우상처럼 알게 모르게 본받고 따라 하고자 하는 욕망이 있는 것 같다. 첫째를 잘 키워놓으면 둘째는 따라온다던 선배 맘들의 조언이 하나도 틀리지 않는다. 첫째 나원이 따라 둘째 나연이도 마찬가지다. 언니 친구 엄마나 자기 친구 엄마를 만나면, 인사를 너무 공손하고 예쁘게 한다고 인사예절로 칭찬을 자주 듣는다. 어느날은 같은 아파트 어르신께 엘리베이터 안에서 공손하게 인사를 드렸다고 공짜로 아이스크림을 받아오기도 했다. 어른들 만나면 예의바르게 인사부터 드리라고 강조하며 나부터 인사하는 모습을 보였더니, 내가 없는 자리에서도 인사는 확실하게 하고 다니는 나연이다. 사회성이란 또래집단뿐 아니라 나보다 연령이 낮거나, 훨씬 높은 노인까지 다양한 연령의 사람들과 원만하게 지내는 능력이다. 그런 면에서 나연인 기관에 다니기 대신, 어릴 적부터 엄마를 따라다니며 다양한 연령의 사람들을 만난 덕에 자연스럽게 사회성이 길러졌다고도 할 수 있겠다.

학교 친구들과도 잘 어울리는 나연이가 되었다. 나연이 초등학교 1학년 때 쉬는 시간만 되면 남녀친구 한데 섞여 학교 앞마당, 또는 운동장에서 술래잡기 하며 뛰어다니기 바쁘다고 했다. 쉬는 시간 친구들하고 놀기 위해 학교 간다는 나연이었다. 그랬던 나연인데, 요즘은 코로나19로 인해 그럴 수 없으니 옆에서 지켜보는 엄마로서 많이 안타까울 뿐이다. 최근에 코로나19가 더 심해져 그나마 며칠 가던 학교수업도 전면 온라인 줌 수업으로 바뀌어 나연이는 무척 아쉬워하고 있다. 하루빨리 친구들과 어울릴 그날이 오기를 바라며.

또 다른 바람이 있다면 우리 두 딸, 지금처럼 어느 누구를 만나도 반갑게 인사를 나눌 수 있고, 타인을 배려할 줄 아는 인간미 넘치는 마음 따뜻한 아이로 잘 성장해나가기를 엄마로서 바라본다.

그네의 달인이 되기까지

"아이고야, 하늘 높이 잘 타네."

"어머머머, 쟤네 떨어질라~ 그네 뒤집힐 것 같아!"

제 작년 여름, 그 무더위 속에서 땀 뻘뻘 흘리며 하늘높이 날아가듯 그네 타는 두 딸들 보고 지나가는 사람들이 하는 말이었다. 옆에서 쭉 지켜봐왔던 나는, 이제는 제법 태연해졌다.

"괜찮아요. 애들 안 떨어져요." 당당하게 말하고 싶지만 막상 입이 안 떨어진다. 하루 이틀 본 게 아닌 나도 솔직히 아찔할 때가 있는데 처음 보는 사람이야 오죽할까. 나는 눈치껏 "그래, 애들아. 조금 살살 타자."라고 눈 찡긋하며 조용히 말하곤 한다. 그럼 아이들은 상황에 맞추어 대처한다. 걱정하실 할머니, 할아버지를 배려해 속도를 줄이거나, 점점 낮아지려 노력한다. 그러나 그분들이 지나가고 나면 다시 하늘로 솟을 것 마냥 속도

높여 그네를 탄다.

난 사실 제 작년 무더위 속에서도 눈만 뜨면 그네타고 싶다는 녀석들이 정말 놀라웠다. 어떻게 자고 일어나기만 하면 그네타고 싶다는 말만 할까? 머릿속이 그네로만 온통 가득 찼나 싶을 만큼 참 신기하기만 했다. 특히 둘째 나연이가 더 그랬다. 당시 1학년이었던 나연인 여름방학을 그네로 불태웠다고 해도 과언이 아닐 정도다. 딱히 학원부담도 없는 아이들은 방학 내내 시간적인 여유도 많았기에 아침을 먹고 놀이터로 달려가기 바빴다. 햇살이 뜨겁다 못해 따갑게 내리쬐는 와중에도 나연이는 그네에 올라타고 나서야 얼굴에 화색이 돌았다. 덕분에 제 작년 여름 그네로 인해 두 딸들 얼굴은 바캉스 제대로 다녀온 듯 새까맣게 탔다.

나연이는 여섯 일곱 살 때도 또래보다 월등히 그네를 높이 탔었다. 그럴 수밖에 없는 것이 또래 친구들이 유치원 간 오전 시간에, 등원하지 않아 상대적으로 여유롭던 나연이는 나와 단둘이 집근처 놀이터를 돌며 그네타기에 들인 시간이 말도 못한다. 무엇이든 시간과 공을 들이면 그만큼 달인에 가까워지는 것, 이치 아닐까.

어떤 기술이나 재주에 뛰어난 사람을 달인이라고도 부른다. 그네타기 달인이 된 나원이, 나연이가 이렇게 되기까지는 하루아침에 이뤄낸 게 결코 아니다.

나원이, 나연이가 그네를 처음 타기 시작한건 돌전에 내 무릎 위에서였다. 두 녀석 모두 걷기 시작하고 뛸 수 있게 된 이후에는 내 무릎에서 내려와 그네에 혼자 앉았다. 고사리 같은 작은 손으로 어찌나 그네 줄을 꽉 잡고 있던지 작은 주먹에도 힘이 잔뜩 들어가 있었다.

나원이 서너 살이 되고, 놀이터만 가면 그네를 밀어달라고 했다. 그때마다 좀 더 세게 밀어달라는 말을 꽤 자주 했다. 덕분에 딸 입에서 그만 밀라고 할 때까지 그네 밀기를 멈추지 않았다. 나원이는 다섯 살부턴 내가 밀어주지 않아도 앉아서도 타고, 서서도 타며 자유자재로 신나게 그네 타며 놀았다. 어찌나 그네를 좋아했는지, 나원이 다섯 살 때 이사한 새 집에 남편이 그네를 달아줄 정도였다. 아이들은 놀이터 가지 않을 때도 집안에서 실컷 그네 탈 수 있었다. 물론 서로 타려고 다투기도 여러 번이었다. 그때마다 생활동화책 〈차례차례 줄 서요〉로 아이들에게 줄서는 습관을 길러주고, 서로 양보할 경우엔 칭찬해주는 방식으로 그네로 인한 다툼을 줄여나갔다. 그렇게 집에서나 놀이터에서나 하루가 멀다 하고 실력을 갈고 닦으니 아이들 그네 타기는 날이 갈수록 제일가는 선수 같았다.

나연이는 일곱 살이 되니 한층 더 그네를 높이 타기 시작했다. 언니처럼 그네를 하늘높이 타기 시작하더니 제 작년 여름 내내 나원이와 그네에서 몸을 불사른 덕분에 이젠 그네가 뒤집힐 것 같은 아슬아슬함까지 보게 되었다. 마치 자신들 몸을 실험대상으로 삼아 어디까지 탈 수 있는지 경험해보려고 도전하는 아이들처럼, 몸이 이루는 각도는 나날이 커져갔다. 자신들도 어떨 땐 360도 회전이라도 할 거처럼 느껴졌는지 고함과 탄성을 지를 때도 많았다. 한두 번 지켜본 일이 아니다보니 이미 불안한 마음을 내려놓은 지 오래다. 아무리 아찔해도 '꽉 잡고 잘 타겠지'믿고 정 불안하면 놀이터에 들고 나온 책에 시선을 급히 돌린다. 꼭 그럴 때면 "엄마, 나 좀 봐봐!"라고 부른다. 이런이런. 이미 내 얼굴은 일그러져 떨어질까 조마조마한 심정이지만, 애써 태연한척 표정관리하며 흥을 돋아준다.

"헤? 우와! 엄청 높다. 우리 딸 날아갈라~ 와~ 최고! 완전 잘 탄다!"

신나게 타는 아이들을 보고 있노라면 오히려 고마워해야 할 사람은 나라는 생각이 든다. 에버랜드도, 롯데월드도 아닌 아파트 단지 내 놀이터에서 그네를 최고 재미있는 놀이기구 타듯 신나게 노는 아이들을 거의 보질못했다. 그래서인지 한편으론 정말 고마운 마음뿐이다.

초등학교에 입학한 나연이는 하교 후 거의 매일 같은 반 친구와 놀이터로 달려가 가방을 던져놓고 그네에 몸을 실었다. 언니가 수업을 마칠 때까지 그네를 타겠다며 기다리는데 같은 반 친구 엄마가 나연이를 보며 한마디 던진다.

"나연아, 너 그네타고 집까지 날아가겠는데? 아니 그러다 우주 끝까지 날아갈 것 같아."

나연이가 환하게 미소 짓는다.

첫째는 이제 키가 제법 자라서 단지 내에 있는 놀이터를 골라가며 그네를 타야한다. 안 그럼 서서 탈 경우, 머리가 그네에 닿아 재미있게 탈수가 없단다. 언제 이렇게 훌쩍 자랐는지.

어떤 날은 자기들끼리 놀이터에 나가 한참을 하늘 높이 그네타고 있는데 할머니 할아버지께서 지나가시면서

"너희들 진짜 높이 잘 탄다."며 박수까지 쳐주셨다고 한다. 분명 지나가시던 할머니, 할아버지 눈에도 아찔한 순간이었을지 모르는데 아이들에

게 박수까지 쳐주셨다는 둘째의 이야기에 웃음이 절로 나왔다.

그네에 몸을 싣고 최대한 높은 곳까지 움직여, 마치 그네의 한계가 어디까지인지 알아내고자 하는 것처럼 보이는 두 녀석들! 내 눈에는 경험을 통해 인간의 한계를 밝혀내고야 말겠다는 굳은 신념을 지닌 녀석들처럼 보인다. 그래서 오늘도 길을 걷다 저 멀리 놀이터라도 보이면 어김없이 발길을 멈추고 아이들과 함께 달려간다. 무한계 인간이자 우주를 체험하는 놀기 대장 아이들을 위해, 원하는 그네 실컷 타게 하려고 말이다.

제3장

어쩌다 선생님

내가 유치원 선생님이다

나원이가 7살 때 한 학기동안 다닌 유치원에서 원장님이 어느 날 내게 물어보셨다. "나원이 6살 때 왜 유치원에 안 보냈어요?" 그때 나는 자신 있게 대답했었다.

"엄마가 최고의 선생님이잖아요."

망설임 없는 대답에 원장님은 순간적으로 당황하신 듯 보였지만 전적으로 동의한다며 고개를 크게 끄덕이셨다. 더불어 보기 드문 엄마라며

"나원이는 이렇게 생각하는 엄마를 둬서 행복하겠네요."라고 말씀하셨다. 그리고 그분 표정과 뜨거운 눈빛에서 난 확실히 읽을 수 있었다. 아이 어릴 적 엄마의 중요성은 그 무엇보다 크다는 사실을 말이다.

가정은 아이의 첫 번째 교육 장소이자 가장 중요한 교육 장소이다. 그러

므로 부모는 아이에게 가장 깊은 영향을 주는 첫 번째 선생님이나 다름없다. 부모는 아이가 처음만나 가장 오랜 시간을 함께 보내는 중요한 인물이기 때문이다. 부모가 일상생활에서 아이를 인도하고 대하며 사소한 일들을 처리하는 수준에 따라 아이의 정서는 물론 오감능력, 인지감각, 두뇌발달 등의 정도가 크게 차이가 난다.

나원이 6살, 나연이 3살 때 나는 우리나라 최초로 생긴 유치원이 어디인지 알아보았다. 그리고 지금까지 남아있는 가장 오래된 유치원이 어느 곳인지도 함께 찾아보았다. 나원이를 유치원에 보내지 않는 대신 유치원에서 하는 다양한 프로그램을 우리 집에서 시도해보기로 했기 때문이다. 유치원에 가지 않아 겪게 되는 아쉬움을 엄마로서 채워주고 싶은 마음에서였다. 인터넷을 검색하며 찾아보니 우리나라에서 가장 역사가 길면서 현재까지 남아있는 유치원은 서울의 이화여자대학교 부속유치원이었다. 역사가 긴 만큼 유아교육 또한 남다르겠지 라는 기대와 생각으로 그곳에 연락해보았다. 방문하여 직접 둘러보고, 상담 받고 싶다는 의사를 전화로 말씀드렸다. 그렇게 방문날짜를 정한 뒤 약속한 날에 찾아가보았다. 비가 내리는 늦은 오후 시간이었다. 궂은 날씨임에도 아이들 생각에 설레기만 했다. 몇 번의 지하철을 갈아탄 후에야 그곳에 도착하였다. 유치원문이 열리자 20대로 보이는 젊은 선생님이 문을 열어주었다. 안내를 받고 2층 계단으로 올라갔다. 교실을 천천히 둘러보고 있는데 발걸음을 멈추게 한 곳이 있었다. 어린 시절 외할머니 댁에 갈 때마다 방 한곳을 가득 채웠던 정겨운 메주가 유치원 방 하나를 온통 채우고 있는 것이 아닌가! 발길을 멈춘 나에게 유치원선생님은 아이들이 만든 메주라며 말리는 중이라고 소개해 주었다. 아이들이 우리나라 전통음식인 된장, 고추장, 간장을 배우면서 원료로 쓰이는 메주를 직접 만들어보는 체험을 한 것이었다. 고사리 같은 아이들의 작은 손으로 코를 찌르는 냄새를 견뎌가며 있는 힘껏 반죽하여 메주를 만드는 아이들의 모습이 머릿속에 그려졌다. 백문이 불여일견이라고 직접 체험해보는 경험만큼 머릿속에 깊게 자리 잡는 일도 없을 테지. 아직도 유치원 방 전체를 꽉 채워 메주가 깔려있던 모습이 뚜렷이 기억난다. 선생님께서 잠깐 자리 비운사이 교실을 둘러보며 구석구석 놓여있던 교구들과 그곳의 환경을 자세히 살펴보았다. 어떤 환경에서 어떤 프로그램 과정으로 아이들이 생활하는지 알아보고 싶어 현장 답사를 한 것이었다. 강당을 끝으로 둘러본 뒤 인사를 하고 유치원을 나왔다.

아이들이 유치원에서 얻을 수 있는 효과보다 더 큰 효과를 엄마인 내가 전달해줄 수 있을 것이란 자신감을 얻었던 값진 방문이었다.

이화여자대학교 부속유치원을 다녀오고 나서 나는 아이들 방을 그곳처럼 영역을 구분해 놓았다. 아이들과 놀이를 구분해서 놀고자 미술영역, 과학영역, 수 놀이 영역 등으로 나눠놓은 것이다. 물론 거실이든 안방이든 어느 곳에서도 책을 읽고 그림을 그리거나 수 놀이를 하고 실험을 하며 자유롭게 노는 아이들이지만 나름 유치원 분위기를 내고자 영역을 재미있게 나눠본 것이다. 그 효과는 꽤 컸다. 아이들 방에 커다란 칠판도 하나 들여놓고 숫자와 한글자석을 붙여가며 아이들과 놀아주려고 나름 노력했다. 또한 유치원에서 본 빨간 우체통을 아이들과 만들어 본 뒤 가족끼리 전할 말이 있을 때는 편지를 써서 우체통에 넣는 놀이도 오랫동안 해보았다. 아이들은 빨간 도화지로 우체통을 만들고, 편지를 써서 넣는 행위자체를 놀이로 받아들이며 매우 흥미로워 했었다. 집배원 아저씨로부터 우편

물 받기까지의 전 과정을 함께 이야기 나누는 계기가 되기도 했다. 이러한 일련의 노력들은 꽤 효과적이었다.

사실 유치원을 둘러보고 난 개인적 소감이 있다면, 유치원을 무조건 보내야 하는 필수 장소로 생각하지 않아도 되겠다는 거였다. 물론 유치원 선생님, 그리고 친구들과 함께 지내는 것도 즐겁겠지만 가장 편안하게 느끼는 엄마와 제한된 시간이 아닌 넉넉하고 여유로운 시간에 이루어지는 다양한 놀이가 더 아이에게 교육적인 효과를 가져다 줄 것이라고 나는 믿었다. 또한 초등학교에 입학하기 전까진 아이들이 원 없이 실컷 놀기를 진심으로 바랬다. 물론 초등학교 입학해서도 많이 놀아야한다는 생각에는 변함이 없다. 그러나 취학 전 아이라면 기관에 다니는 시간을 줄이고서라도 정말 많이 놀아야한다는 생각이 강했다. 그러면서 생활적인 면에선 스스로 해야 할 일들을 초등학교 입학 후에도 잘 해낼 수 있게, 곁에서 도와주어야겠다고 마음먹었다.

그중 첫 번째는 아이들에게 자신감을 길러 주자였다. 매사 칭찬과 격려를 아끼지 않았다. 자신감은 자신의 생각이나 의사를 잘 표현하게 할 뿐만 아니라 리더십 있는 아이로 성장하는 밑거름이 된다. 나원이, 나연이는 학교에 입학하여 학부모 참여수업 때마다 손을 번쩍 들고 자신 있게 발표하는 모습을 보여주었다. 담임선생님들로부터 발표뿐만 아니라 모둠수업 때마다 자신의 의견을 잘 드러낸다고 전해 들었다. 나원이는 4학년 때부터 학급 회장으로 선출되어 리더십을 잘 발휘할 수 있는 기회도 얻었다.

두 번째는 정리 정돈하는 습관을 길러주려고 했다. 퍼즐을 하거나 색종이로 종이접기를 하며 놀고 난 자리는 스스로 정리하도록 지도했다. 학교에 입학하게 되면 책상서랍과 사물함 정리정돈은 스스로 해야 할 일이다.

나원이는 1학년 학교 입학하자마자 사물함 정리정돈을 잘하여 선생님에게 눈에 띈 아이였다. 선생님께선 나원이를 크게 칭찬하시며 사물함 정리정돈을 잘 못하는 친구를 도와주라고 하셨단다. 나원이는 집에 와, 친구에게 사물함 정리정돈 하는 법을 잘 알려주었다고 말했다. 가정에서의 정리정돈 습관과 자신의 물건을 소중히 다루는 모습은 학교에서도 이어질 수밖에 없다.

세 번째는 남의 말을 끝까지 잘 들을 수 있도록 "기다림"을 가르치는데 신경 썼다. 아이들이 말할 때 나는 집안일을 하다가도 멈춰서 아이들 이야기를 끝까지 들어주려고 노력했다. 경청하는 능력은 수업시간에 선생님 말씀에 집중하게 할 뿐만 아니라 친구들의 얘기도 참을성 있게 들어주는 아이로 자라게 한다.

네 번째는 공원이나 놀이터를 나갈 때마다 줄넘기를 들고 다니며 조금씩 줄넘기 연습을 시킨 것이다. 줄넘기는 운동신경도 길러줄 뿐만 아니라 건강에도 좋은 운동이다. 태권도 학원에서도 줄넘기를 가르치고, 요즘엔 줄넘기학원까지 생기는 추세다. 그러나 사실 줄넘기만 있으면 태권도나 줄넘기학원에 보내지 않고도 엄마가 공원이나 놀이터에서 아이에게 연습시켜 다양한 줄넘기를 배우게 할 수 있다. 취학 전 줄넘기를 틈틈이 연습해놓으면 학교에 입학하여 이로운 점이 많다. 나원이, 나연이 모두 태권도 학원 한번 안 보냈지만 자주 줄넘기 들고 다닌 덕분에 수업 도전과제물로 시도해야 하는 다양한 줄넘기 동작들을 거뜬히 해냈다. 그런 아이들이 오히려 내게 묻는다. 왜 줄넘기를 학원 다니며 배워야 하는 거냐고.

다섯 번째는 책을 좋아하고 즐기는 아이로 자라는데 많은 시간과 노력을 기울였다. 아이의 독서력은 학교에 입학해서 전 교과목에 걸쳐 영향을 미친다. 어차피 예체능을 제외한 학교공부도 교과서를 읽고 정확히 이해하고 사고하는 과정이다. 어릴 때부터 독서를 즐길 수 있도록 재미있는 책을 많이 접하게 해주면 독서습관이 잘 형성되어 사고력과 이해력을 기르는데 많은 도움이 될 뿐만 아니라 집중력 향상에도 효과적이다.

요즘은 유치원에서 아이들에게 초등입학 준비를 위해 받아쓰기나 수학 그리고 영어를 많이 가르친다고 한다. 그러나 교과목을 미리 가르치는 것에 초점을 두기보다는 생활습관적인 부분에 더 중점을 두는 것이 오히려 유리하다고 전하고 싶다. 습관과 인성은 하루아침에 변하는 것이 결코 아니다. 원만한 학교생활을 위해 엄마가 부디 가까이에서 아이가 익힐 때까지 생활 습관을 바로 잡아주는 것이 훨씬 중요하다.

코로나19로 방학이 길어진 요즘 아이들은 어릴 때 나와 했던 선생님 놀이를 여전히 즐겨한다. 얼마 전 남편이 사온 이동식 화이트보드를 갖고 아이들끼리 선생님 놀이하더니, 이번엔 엄마 아빠에게도 선생님 역할을 해보라 하는 것이었다. 그렇지 않아도 방학을 맞아 아이들과 사자소학과 천자문을 함께 낭송중인데 마침 잘됐다 싶어 사자소학으로 재미있게 선생님 놀이를 했다. 아이들은 놀이라고 여기면 자기들이 느끼기에 아무리 어렵고 재미없는 과목도 흥미와 관심을 보이기 마련이다. 그럴 땐 기회는 이때다 싶어 엄마가 얼른 센스를 발휘해 놀이삼아 들려주면 아이들은 그 내용을 오랫동안 기억하곤 한다. 이렇게 모든 면에서 취학 전이나 초등학교 입학 후에나 여전히 엄마는 최고의 선생님이다. 모든 교육은 유치원이나 학교가 아닌 가정에서부터 처음 시작된다는 것을 꼭 기억하기를 바란다.

아이들이 미술을 좋아하고 즐기게 되기까지

나원이, 나연이는 학교에서 미술수업이 있는 전날부터 들떠있다. 미술 과목이 들어있는 날은 체험학습 내는 것도 피해야 할 정도다. 집에서도 틈만 나면 다양한 재료로 그림 그리고, 수채화 물감놀이하고, 찰흙으로 조몰락거리며 만들기를 즐기니 미술수업 전날부터 신나는 건 어쩌면 당연한 일 일지도 모른다. 이렇게 즐거운 마음으로 미술수업에 임하다 보니 나원이, 나연이 둘 다 수업 결과물에 대해 선생님으로부터 칭찬을 많이 받는 편이다. 얼마나 적극적인 자세로 수업에 임했을지 안 봐도 눈에 훤한 게, 선생님 보기에도 미술을 매우 좋아하는 아이라는 걸 캐치하셨을 테다.

두 딸이 그림그리기를 즐거워하고, 재미있어하게 된 것은 하루아침에 이루어진 건 아니다. 나는 아이가 돌 되기도 전, 손목에 힘을 줄 수 있게 된 시기부터 손에 크레파스를 쥐어주었다. 나원인 동그라미그리기를 아주 좋아했고 제법 잘 그렸다. 그때마다 난 박수를 치며 칭찬해주었다. 종이만 있으면 동그라미, 세모, 네모를 그리고 선긋기를 하고 오리고 색칠하며 놀았다. 어디를 가든 늘 종이와 연필, 색연필, 크레파스 등을 챙겨 다녔다. 나무나 꽃을 보면 잔디밭에 털썩 주저앉아 주변의 자연풍경을 그리게 했다. 나원인 그때마다 즐거워했고, 시간이 지남에 따라 관찰력도 좋아졌다.

집에서 미술놀이를 하면 시간 가는 줄 모를 만큼 흠뻑 빠져 지냈다. 신문지 깔아놓고 수채화물감과 붓으로 자유롭게 마구 칠하게 했다. 파프리카, 감자, 당근, 양파 등 야채들을 잘라 도장처럼 야채에 물감을 묻혀 찍기놀이도 자주 했으며 나중엔 손가락 찍기를 하다가 손바닥, 발바닥 찍기까지로 이어졌다. 아이는 신나라 좋아하고 깔깔거리며 즐거워했다. 물감 묻은 손바닥, 발바닥 씻기러 욕조에 들어가서 또 붓을 쥐어주면 나원인 욕실 벽을 도화지 삼아 꼬마화가가 된 듯 열심히 그렸다. 타일 벽에 그려진 자기 그림을 지울 때도 샤워부스에서 뿜어져 나오는 물줄기가 지우개가 된 듯 나원이는 미술놀이의 마지막 청소도 재미있어했다.

나원이가 미술놀이를 좋아하고 즐거워하는 모습에 더 다양하고 재미있는 미술놀이들로 놀아주고 싶은 마음이 생겼다. 어떤 방법이 있을까 고민하다가 엄마인 내가 직접 아동미술실기지도사 자격증을 따야겠다고 마음먹게 되었다. 남편의 동의를 얻어 3살이던 나원이를 주말마다 남편에게 맡기고, 이화여대평생교육원에 수업을 다녔다. 순전히 아이와 더 재미있고, 다양한 놀이로 놀아주고 싶은 마음에서였다. 1년 동안 비가 오나 눈이 오나 정말 열심히 다녔다. 내가 직접 배우고, 익힌 것을 사랑하는 딸에게 직접 알려주고, 함께 놀이할 수 있음에 무척 감사했다. 그날그날 배운 미술수업으로 나원이와 놀아주면 나원이는 정말 즐거워했고, 그 모습에 나 역시 뿌듯하고 행복했다. 마침 뱃속에는 둘째를 임신 중이었다. 미술수업에 서예도 있었는데 서예를 가르치신 교수님께서는 나의 임신 사실을 아시고 서예가 태교에 좋다는 말씀을 들려주셨다. 덕분에 서예를 배우면서 태교까지 할 수 있는 1석2조의 효과를 거두었다. 아이와 더 잘 놀아주기 위해 배우기 시작한 미술수업이 아이마음을 읽는 색채심리와 그림심리까지로 이어져 아이들 마음까지 살필 수 있는 계기가 되기도 했다. 1년간 참 알차게 배웠고 배운 걸 토대로 나원이와 다양하게 놀았다.

둘째 나연이가 태어나고 나선 태교의 효과 덕분인지, 아님 언니가 미술놀이 하는 것을 옆에서 자주 눈여겨보며 감각을 익혀서인지 나연이 역시 미술놀이를 무척 즐거워했다. 언니가 그리는 것을 옆에서 따라 그리려고 했으며 책을 읽다가도 그림책의 예쁜 장면이 나오면 종이와 연필로 그 장면을 똑같이 그렸다. 특히 나연이는 색종이 접기에 많은 시간을 몰두했다. 색종이 접기 책을 어릴 적부터 아이들 가까이 두었더니 수시로 꺼내어 다양한 완성품을 만들어 냈다. 어느 날은 다섯 살이었던 나연이가 색종이로 지갑을 접어 자기 용돈 천원을 넣어 나에게 선물로 주었다. 어찌나 귀엽던지 그 선물은 여전히 보관중이다. 나연이는 종이접기 책을 보며 색종이 접기를 하다가도 본인이 새롭게 창조해낸 결과물들도 은근히 많았다. 종이접기 책대로만 하지 않고, 다양한 자기만의 방법으로 접어보더니 나름 그럴듯해 보이는 결과물들을 만들어 내어 깜짝 놀란 적이 한두 번이 아니었다. 직접적인 경험의 반복으로 창의적인 자신만의 상상력을 발휘해 새로운 창조물로 만들어내는 것을 나연이를 통해 확인한 셈이다. 역시 아이들은 창조의 대가들이란 사실을 딸들과의 경험으로 알아차리게 되었다.

　나원이가 4학년 때 있었던 일이다. 당시 회장이던 나원이는 전교회의를 갔다가 포스터 그리기 대회가 있을 거라는 이야기를 듣고, 집에 오자마자 자기도 꼭 도전해보겠다고 했다. 교장선생님께서는 이번 대회에서 대상을 받은 학생에겐 서른여섯색의 색연필을 선물하겠다고 하셨단다. 평소 그림 그리기를 즐겨하는 나원이니 대회에 참여해보겠다는 도전이 당연할 수도 있지만, 상품이 서른여섯색이나 되는 색연필이다 보니 얼마나 불끈 마음이 타올랐을까 싶었다. 나연이도 옆에서 눈을 반짝이며 듣고 있었다. 나원이는 동생을 보며 "나연아, 너도 한번 도전해볼래?" 제안을 했다. 당시 1학년이었던 나연이는 학교폭력의 심각성이나 사례들의 다양성에 대해선 아직 접할 기회가 없었다. 그림그리기를 좋아한다는 사실만으로 나원이가 제안했던 것이다. 나원인 학교폭력이 어떤 것인지 동생에게 자세히 설명해준 뒤 만약 너도 상을 타게 되면 서른여섯색의 색연필을 받게 된다는 이야기를 덧붙였다. 나연이는 그 말에 즉시 도전해보겠다며 언니 제안을 받아들였다. 마음먹은 다짐이 기특하여 그럼 너희 둘 다 즐거운 마음으로 재미있게 도전해보라고 독려해주었다.

　얼마 지나지 않은 일요일, 두 딸들은 나름대로 열심히 포스터를 그리기 시작했다. 각자의 생각대로 학교폭력관련 포스터다운 그림을 그리고 글도 써서 색칠 한 뒤 정해진 기간에 제출했다. 나원이는 상상력을 발휘해 우주공간에서의 행성초등학교를 그리고 지구와 지구에 갑자기 떨어지는 운석을 그려 넣은 뒤, 그에 어울리는 문구를 넣어 포스터를 완성시켰다. 우리 부부는 나원이의 상상력에 크게 칭찬하며 결과가 어떻든 아이디어가 너무 좋다고 칭찬해주었다. 그에 비해 나연이 그림은 누가 봐도 1학년 아이의 귀여운 발상 같았다. 힘이 센 호랑이와 힘이 약한 토끼를 그려 넣고 "호랑이 같이 힘세다고 토끼같이 약한 친구 괴롭히지 말아요!"라는 문구를 넣었다. 무서운 표정의 호랑이와 겁먹은 토끼표정, 동물초등학교의 모습까지 딱 순수한 아이다운 발상 같은 게, 너무 귀여웠다. 두 아이 모두 열심히 준비한 걸 알기에 좋은 결과 있기를 기다려보자고 격려했다.

어느 날 나연이가 학교에서 돌아온 뒤, 나에게 말했다.

"엄마! 오늘 6학년 어떤 오빠가 우리 반에 와서 김나연이 누구냐고 물어봤어. 내가 나라고 하니깐 가까이 오더니 내가 그린 학교폭력포스터 그림에 대해 좀 더 자세히 말해줄 수 있냐고 물어봤어. 내가 그림 밑에 내용 적었다고 했더니 그거보다 더 자세히 알려줄 수 있냐는 거야. 그래서 내가 우리언니 4학년인데 언니이름이랑 반 말해주고, 언니한테 가서 물어보라고 했어." 그 말에 나는 웃음이 빵 터졌다. 자기가 그린 그림을 자기 언니한테 가서 물어보라니. 아무리 언니와 같이 포스터 그리기 대회에 참가했다지만 자신의 그림을 언니가 잘 알고 있을 테니 언니에게 직접 물어보라고 한 나연이 행동에 너무 웃겨서 웃음만 나왔다.

그날 나원이는 학교에서 오자마자 동생에게

"김나연! 너 그림은 너가 자세히 설명해야지, 그걸 나보고 말하라고 하면 어떡하니? 6학년 오빠가 우리 반에 와서 나보고 너가 김나연 언니냐고 물어서 갑자기 왜 그러나 했다니깐. 동생이 그린 그림에 대해 혹시 더 자세히 말해줄 수 있냐 해서 내가 너 대신에 말했잖아. 다음부턴 그런 거 있으면 나연이 너가 자세히 말해야 하는 거야." 나원이는 동생에게 충고했다. 동생 그림에 대해 대신해서 종이에 자세히 적어주었다고 한 나원이가 기특했다. 역시 듬직한 언니였다. 아마 1학년이던 둘째는 갑자기 자신보다 학년이 높은 낯선 오빠가 자기에게 다가와 이것저것 물으니 당황스러웠던 모양이다.

그런 일이 있고 며칠 후, 아이학교의 컬렉트콜로 전화가 걸려왔다. 나연이였다.

"엄마, 내가 그린 그림 1학년 전체에서 1등 했데. 히히. 나 선물로 내가 갖고 싶은 색연필 받았어. 엄마랑 같이 본 영화에서 나온 그 색연필이랑 똑같아. 엄마도 알지? 엄마 이따 집에 가서 보여줄게. 나 이제 친구들하고 놀아야 하니까 엄마 이따 봐~~."

나연인 급하게 자기 할 말만 하고 전화를 끊었다. 나연이도 아마 1등까지 할 줄은 몰랐던 것 같다. 생각지 못한 결과에 너무 놀라 기쁨을 엄마와 함께 나누고 싶어 쉬는 시간을 틈타 전화까지 한 것 같았다. 사실 엄마로서 반가운 소식은 상품으로 받은 서른여섯색의 색연필 소식이 아니었다. 나연이가 이 일을 계기로 그림에 대해 자신감이 몇 배로 더 상승하겠다는 희망이었다. 아쉽게도 첫째는 수상자에 들지 못했지만, 담임선생님을 통해 나원이 작품이 마지막까지 경합을 벌였다는 이야기를 들었다. 나원이의 그림이 창의적이고 독창적이었다는 부분에서 수상자들과 경합을 벌였다는 것에 난 크게 의의를 두고 나원이를 격려해주었다. 우리 집 거실에 나원이 그림을 붙여놓았다.

"우주 최강 대상!"이라는 문구와 함께.

나원이 나연이는 한 번도 미술학원에 다녀본 적이 없다. 집에서 엄마와 미술놀이를 자주, 즐겁게 한 덕분인지 학원 없이 미술과 친하기만 하다.

이제와 생각하는 거지만 학원에 보내지 않기를 더 잘했다고 여기는 건, 나원이 나연이 그림엔 독창성이 있기 때문이다. 아마 미술학원선생님 지도에 맞춰 그림 그리는 것에 익숙했다면 학교폭력포스터에 "우주", 그리고 "호랑이와 토끼"가 나올 수 있었을까.

나는 개인적 의견으로 너무 어릴 때부터 미술학원에 찾아가 전문가의 도움을 받는 것보다 그저 미술과 친해질 환경을 집에서 만들어 주는 게 어떨까, 하는 것이다. 요즘은 어릴 때부터 미술학원에 다니는 아이들이 꽤 많다. 주변을 둘러보면 유치부 시절부터 미술학원에 다니는 아이들도 많고, 초등학교에 입학하자마자 바로 미술학원부터 등록하는 아이들도 많다. 물론 그림그리기를 좋아하지 않거나 흥미가 없는 아이를 조금이라도 미술과 친하게 해주고 싶은 마음에 미술학원에 보내는 엄마 마음일 것이다. 그러나 그런 경우라면 더더욱 자연스럽게 집에서 미술도구를 쥐어주고, 마음껏 자유롭게 무엇이든 그려보고 칠해볼 시간을 충분히 갖게 하는 것이 먼저라고 생각한다. 그래야 자신의 개성을 잘 살려 자신만의 독창적인 생각대로 스스로 창작하는 실력을 잃지 않을 수 있기 때문이다. 자기 스스로 수없이 그려보고 열심히 노력해보지 않은 상태에서 처음부터 미술학원에 보내고 전문가한테 맡겨버리면 겉보기엔 실력이 빨리 느는 것처럼 보이지만, 시간이 지날수록 스스로 오랫동안 그려보고 열심히 해본 아이들이 얻게 되는 이로운 점에서 멀어지게 될 테니 말이다.

그러므로 너무 이른 시기에 미술학원부터 찾아가 전문가 도움을 받는 것보다, 시간은 오래 걸리더라도 어려서부터 미술의 즐거움을 마음껏 누리게 하고 실컷 그려보고 칠해보게 하는 게 먼저라고 믿는다.

한글 떼기 놀이에 관하여

나원이 55개월에 쓴 육아일기를 오랜만에 펼쳐보니 눈에 띄는 내용이 있다.

'인간이 인간다운 것은 본질적으로 읽고 쓸 수 있는 능력 덕분이다. 읽으면서 발견하고 깨닫는 것들이 진정 중요하다.'

그때의 기억을 더듬어 보니 나원이가 한참 스스로 책을 읽는 재미에 빠져 하루에도 몇 권씩 읽어 내려가던 시기였다. 독려해주고 싶은 마음에 스스로 다 읽은 책에 나원이가 제일 좋아하는 반짝이는 스티커를 겉표지에 붙이게 하면, 나원인 더없이 기뻐하며 좋아했다. 그날의 육아일기장엔 "이얼마나 위대한 일인가? 너의 책 읽기 실력에 엄마는 가슴 벅차오르고, 경이롭기까지 하여 자정이 넘어가고 새벽1시 30분이 되어가는 늦은 시간이지만 잠을 이룰 수가 없다."라고 적혀 있었다.

자연스러운 과정이었다. 나원이 애기 때부터 그림책을 많이 읽어주다 보니 자연스레 한글에 노출됐었다. 별도로 시간 내 가르친 적도 없는데 4살 때부터는 간단한 단어를 읽기 시작하더니 5살 때는 꽤 많은 글자를 파악했다. 6살 되어서는 내가 밥 차리는 동안 동생에게 책을 읽어주고 있었다. 나원이가 7살 때, 유치원 선생님이 나원이가 한글을 어떻게 깨우쳤는지를 물어보았다. 어려서부터 그림책을 많이 읽어주었더니 아이가 자연스럽게 한글을 익히게 되었다고 말했다. 선생님은 그 방법이 가장 자연스럽고, 가장 좋은 한글 깨우치기 방법이라며 많은 부모님들이 그 방법대로 아이에게 한글을 익히게 했으면 좋겠다고 말했다.

반면 둘째 나연이에겐 한 가지 노력한 게 있다. 어느 날 세 살이던 나연이가 내가 평소 자주 읽어주던 책을 들고 와선 "엄마, 이 책 내가 읽어줄게 잘 들어봐."그러는 것이었다. 나연이 이야기를 듣는데 물론 글씨를 읽는 것은 아니었고, 내가 그동안 읽어준 내용을 다 외워서 한 장 한 장 넘겨가며 상세하게 이야기해 주는 것이 아닌가? 속으로 이제 갓 3살이 된 아이가 이렇게 자세히 이야기를 들려줄 수 있을까 혼자 감동받아 곧장 남편에게 전화해 이 사실을 털어놓았다. 천재, 영재 환장 병이 발병했던 것이다. (사실 나연이는 책에 있는 글씨를 계속 알아맞히기도 했다.)

둘째가 그토록 똘똘하게 느껴져, 나는 나연이에게 한글을 놀이삼아 알려주고 싶다는 마음이 불쑥 들었다. 마침 나연이도 글자에 관심을 보이니 재미있게 한글을 알려주면 더할 나위 없이 자유롭게 읽을 수 있겠다는 생각이었다. 그래서 내가 했던 방법은 낱말카드 놀이였다. 두꺼운 도화지를 4분의 1크기로 잘라 꽤 두껍게 빨간색 글씨로 쓰되, 여백 있게 쓰는 게 포인트였다. 그렇게 몇 백 장의 낱말카드를 미리 만들어 놓은 뒤 나연이에게 하루에 다섯 장씩 보여주는 놀이를 한 것이다. 제일 처음 3일 동안 나연이에게 가르친 열다섯 개의 첫 단어는 나연이가 가장 좋아하는 것들 위주였다. 예를 들면 나연이가 가장 사랑하는 엄마, 아빠, 언니 등 가족과 이모, 이모부, 오빠, 동생, 할머니, 할아버지, 고모, 고모부등 익숙한 친척들로 적었다, 또한 나연이가 좋아하는 음식과 좋아하는 집안의 물건들도 적었다. 평소 과일을 좋아해 즐겨먹는 과일들도 포함시켰다.

　조금씩 일정한 양의 단어만 보여주니, 나연이는 또 하고 싶다며 계속 졸랐다. 하지만 매일 지루하지 않도록 짧은 시간동안만 하기로 마음먹었던 나는, 내일 다시 하자며 나연이를 설득했다. 신경학적인 관점에서 볼 때도 내가 세운 규칙은 적합한 것이었다. 읽기는 절대로 학교에서 배우는 과목이 아니다. 읽기는 두뇌의 기능이다. 언어를 듣는 것이 두뇌의 기능인 것처럼 언어를 읽는 것도 두뇌의 기능이다. 내가 나연이랑 낱말카드놀이를 할 때 반드시 지키기로 정한 기본 규칙은 나와 나연이 모두 읽기를 재미있는 게임처럼 즐겁게 접근하게 한 것이었다. 또한 나연이가 기분이 좋고 행복한 순간을 택해서 그때 읽기게임을 했다. 배우는 즐거움이 배가 되게 하기 위해서였다. 아이가 피곤하거나 기분이 별로 좋지 않을 때 혹은 배가 고플 때는 낱말카드를 보여주지 않았다. 시간은 항상 짧게 했다. 처음에는 하루에 세 번 카드 한 장당 몇 초 정도로만 하고 끝냈다. 나는 낱말카드 보여주는 속도가 매우 중요하다고 생각했다. 물론 지루하지 않게 하기 위함이었다. 새로운 카드는 항상 나연이 잘 때 미리 만들어놓았으며 글씨는 깔끔하고 선명하게 흰 도화지에 빨간색으로 또박또박 써서 준비 하는 게 포인트였다. 남편도 나를 도와 낱말카드 만드는 것에 동참했다. 그러나 한 가지 동참시키지 않은 것은 글씨 쓰는 것이었다. 글씨체가 통일되지 않아 아이가 혼돈스러울까봐 싶었다. 카드 뒷면 왼쪽 상단 위 모퉁이에 단어를 한 번 더 적었다. 그걸 보고 부모가 읽을 것이기 때문에 연필로 살짝 작고 흐리게 적어 넣었다.

처음엔 빨간색으로 큼직하게 글씨 썼지만 시간이 갈수록 보통 크기로, 검은 매직 이용해 글자를 썼다. 초기에 글자를 큼직하게 쓴 이유는 나연이 눈에 가장 잘 보이게 하기 위함이었고, 색은 어린 아이들은 유독 빨간색에 끌리기 때문이었다. 아이에게 보여주는 낱말카드 개수도 점점 늘려나갔다. 시간이 지날수록 나연이는 낱말카드에서 익힌 글자를 나보다 더 빨리 말하기 시작했다. 그림책 읽다가도 낱말카드 놀이로 익힌 글자가 나오면 손가락으로 짚어가며 알아맞히기도 했다. 낱말카드놀이는 어느새 구절카드놀이로 확대되었고, 나중엔 문장카드놀이로까지 이어졌다. 이만큼 진행 될 수 있었던 배경은 나연이가 나와 함께 한 낱말카드, 구절카드, 문장카드놀이를 정말 즐거운 게임으로 받아들여준 것에 있다. 그렇게 나연인 한글을 엄마와 하는 놀이로서 아주 즐겁게 배우고 익히게 되었다.

낱말카드 놀이 외에 다른 놀이도 즐겨했다. 집안 모든 가구에 이름을 써서 붙여놓거나, 아이가 좋아하는 동요 가사를 종이에 적어 베란다 창문에 덕지덕지 붙여놓기도 했다. 두 딸과 낱말카드를 이용한 낚시 놀이도 했었다. 장난감 낚시 대에 자석을 붙이고 단어를 적어놓은 낱말카드엔 클립을 끼워 누가 낱말카드를 많이 잡는지 시합하는 게임이었다. 3살이었던 나연이와 6살이었던 나원인 서로 경쟁하듯 누가 빨리 잡는지 최선을 다해 시합했다.

우리가 했던 또 다른 게임 중 나원이는 화살놀이를 유독 재미있어했다. 화살놀이는 말 그대로 아이들이 좋아하는 낱말이나 문장을 종이에 적어 벽이나 장롱에 붙여놓고 문방구에서 산 화살 몇 개로 쏘아 맞히는 놀이이다. 아이들이 어찌나 진지하게 게임에 임하던지, 마치 금메달 노리는 양궁선수들 같았다. 마지막으로 주스가게놀이도 아이들은 무척 재미있어했다. 종이에 주스이름을 적어 나무젓가락을 붙인 뒤, 몇 개의 컵에 나무젓가락붙인 종이를 담아 과일가게를 연다. 나는 손님, 아이들은 주스가게 주인 역할을 맡아 돈을 지불해가며 주스를 사고파는 과정과, 실감나게 마시는 엄마를 볼 때마다 아이들은 꺄르르 대며 좋아라했다. 나연이는 이러한 게임을 통해 한글을 점점 더 자연스럽게 배우고 익혀나갔다.

일련의 놀이덕분인지, 나연이는 언니보다 1년 앞선 다섯 살에 읽기독립을 했다. 조용하다 싶어서 방에 들어가 보면 나연인 혼자 빽빽한 글 밥의 책도 집중하여 읽고 있었다. 한글을 읽을 수 있게 되자 스스로 책 읽으며 터득하는 지식 또한 넓고 깊어지는 게 확실히 느껴졌다.

요즘은 일찍부터 한글을 배우게 하기 위한 목적으로도 어린아이를 교육기관에 보내는 경우가 많아 보인다. 그러나 엄마와 함께 집에서 가볍게 할 수 있는 놀이로 한글 익히는 방법은 충분히 다양하다. 한글 익히는 방법 외에도 아이가 말이 느는 방법은 엄마가 따뜻한 시선으로 자주 말 걸어주고, 아이가 원하는 것에 적절히 반응해주며, 아이가 호기심어린 눈으로 질문 던질 때마다 성심성의껏 대답해주는 것이 최고의 방법이라고 믿는다.

글을 읽는다는 것은 지식을 획득할 수 있는 도구를 내 손에 쥐는 것과 다름없다. 두 아이를 키우면서 아이들이 어릴수록 놀이를 통해 흡수하는 능력은 상상 이상으로 뛰어나다는 것을 경험상 터득할 수 있었다. 대신 부모의 과도한 욕심은 반드시 버려야한다는 것을 당부하고 싶다. 아이들이 한글을 익히고 책을 읽도록 가르치는 과정이 학습이 아닌 재미있는 놀이가 된다면 놀이 속에서도 아이들은 충분히 스스로 글을 깨우치게 된다. 이 사실을 많은 엄마들이 믿고, 직접 경험해 보았으면 좋겠다.

수학과 친하게 지낼 수 있는 환경 만들기

나연이가 하교시간에 맞춰 교문 쪽으로 마중 나온 나를 보자마자
"엄마~"하며 반갑게 뛰어온다. 그 뒤를 나연이와 같은 반 친구들 몇 명
도 함께 걸어 나왔다.

"안녕하세요~ 나연이 엄마세요?"

"응, 안녕~ 반가워 얘들아!~"

"근데 나연이 매일 몇 시에 자요?"

"응~, 나연이 좀 늦게 자. 놀다가 늦게 자기도 하고, 책보다가 늦게 자기
도 해. 근데 왜?"

"나연이, 학교에서 공부 되게 잘해요. 매일 다 맞아요. 그래서 늦게까지
공부하다가 자는 줄 알았어요. 선생님이 하라고 주는 거 나연이가 매일 1
등으로 풀어서 내요. 그리고 다 맞아요. 공부 엄청 잘해요."

친구 눈에 나연이가 꽤나 똘똘하게 보였나보다. 밤마다 공부하느라 늦

게 자는 줄 알았다는 귀여운 꼬마친구. 미소가 절로 지어졌다. 한편 궁금해진 나는, 나연이에게 친구가 이렇게 말하는 이유를 물어보았다.

나연이 말로는 수학시간마다 선생님이 나눠주는 학습지와 교과서를 빨리 풀어서 친구들보다 먼저 낸 게 이유라고 했다.

아이 수학 잘하게 만드는 비법이라면, 사실 숫자에 친숙하게 한 것과 아이에 대한 관심(나연이가 수를 좋아한다는 것을 일찍 파악하여), 그리고 놀이(실컷 놀아준 것)뿐이었다.

나는 아이들 아주 어릴 때부터 일상에서 숫자를 쉽게 접하도록 했다. 계단 오르락내리락할 때도 아이들과 숫자 세며 오르고 내렸고, 간식을 줄 때도 접시에 담긴 음식을 아이들과 세면서 먹었다. 그림책을 읽어줄 때도 같은 그림이 반복되어 있는 것은 천천히 세면서 책장을 넘겼다. 그럴수록 아이들은 점점 수 세기에 익숙해졌다. 놀이삼아 덧셈과 뺄셈도 자주 했다. 신혼 때 TV를 장만하는 대신에 가지고 있던 보드게임 루미큐브는 아이들 셈하기가 가능해지던 시기부터 함께 가지고 놀았다. 아이들은 어려서부터 놀이를 통해 자연스레 숫자와 친해질 수 있게 된 것이다. 숫자와 친해지게 되면 숫자를 좋아하게 되고 셈을 즐기게 되며 학년기가 되더라도 수학과목을 전혀 부담 없이 편안한 과목으로 받아들이게 된다.

나연이는 수 세기를 무척이나 좋아한다는 것을 일찍부터 알아차리기도 했다. 나와 남편은 번갈아 가며 그림책을 읽어주다가 종종 난관에 부딪히곤 했다. 예를 들면 이런 거다. 그림책에 엄청 많은 수의 물체나 사람 또는 동물이나 식물이 그려져 있을 경우 우린 그 장면에서 잠깐 멈춰야했다. 나연이한테 그런 장면이 보이면 단 한 번도 그냥 지나치는 법이 없었으니까. "엄마, 이거 다 몇 개게?" 또는 "아빠, 이 강아지들 모두 몇 마리 게?" 혹은

"엄마, 여기 있는 사람들 다 합쳐서 몇 명이게?"라며 비행기 탑승하려고 공항에서 기다리는 전체 사람 수가 총 몇 명인지 나연이가 다 셀 때까지 책 읽기가 한참 끊긴 날도 많았다. 몇 백 마리가 넘는 동물들을 세는 나연이를 기다리느라 한숨이 절로 나오는 날도 있었다. 그럼에도 남편은 아이가 수 세기를 좋아한다는 걸 확실히 받아들이고, 여유 있게 기다려주었다. 남편이 존경스러웠다. 그런 아빠 덕분인지 3살 때부터 지금까지도 나연이는 수 세기를 무척이나 재미있어한다. 그 많은 수를 세고 나서 뿌듯해하는 나연이 표정은, 이루고자 하는 것을 다 이뤄낸 듯 만족스러워했다.

숫자에 관심이 많아 "엄마, 일십백천만십만백만천만일억십억백억천억조. 그 다음이 뭐야? 조 다음이 궁금해."라 물으며 나를 놀라게 했던 일도 있었다. 수의 끝이 알고 싶던 나연이었다. 나연이가 이토록 수를 좋아하는 이유를 곰곰이 생각해보면, 어쩌면 아이의 순수한 관심뿐 아니라 어릴 적부터 즐겨하던 숫자놀이 덕분이었을지 모른다. 숫자 세기에 특히 흥미로워하는 아이 모습에 조금씩 자극 주려고 했던 것이 아이의 관심을 더 끌지 않았나 싶다.

우리는 흔히 접할 수 있는 바둑알을 가지고도 많이 놀았다. 주사위 두 개를 던져 나온 수를 더해 누가 빨리 답을 맞히는지 게임도 많이 했었다. 이기는 사람이 과자 먹는 거였는데 서로 과자 먹겠다며 고사리 같던 양 손가락을 하나씩 다 펴가며 셈을 하고 있는 어린 두 딸들 모습이 어찌나 귀엽던지! 그 모습이 보고 싶어서라도 셈 놀이 하고 싶던 엄마였다.

어려서부터 사고력을 키울 수 있는 수학동화도 자주 읽어주었다. 수 세기 놀이를 하도 좋아해서 이야기가 가득한 수학동화책을 틈날 때마다 읽어주었다. 한질의 전집을 반복해서 여러 번 읽은 후 또 새로운 수학동화책도 사주니, 읽어달라며 책장에서 자주 꺼내왔다.

또한 루미큐브 외, 할리 갈리란 보드게임도 아이들 유아시절 하루가 멀다 하고 가지고 놀았다. 이 게임은 카드에 나와 있는 과일그림 수의 합이 5가 되었을 때 가장 빨리 종 치는 사람이 이기는 게임인데, 집중력뿐만 아니라 계산능력까지 요구된다. 아이들이 초등학교에 입학한 이후 교실에 할리 갈리게임이 있다며 집에서 하도 많이 즐겼던 게임이라 너무 익숙했다고 한다. 보드게임하면 빼놓을 수 없는 게임이 또 하나 있다. 나연이가 날아다닐 정도로 특히 잘했던 게임이다. 엄마, 아빠, 언니 모두 나연이를 이기기 힘들어했던 게임인데 바로 세트게임이다. 이 보드게임은 12개의 카드 중 규칙에 맞는 3개의 세트를 찾아내는 게임으로 분류를 배울 뿐만 아니라 관찰력과 집중력도 자동으로 높아지도록 돕는다. 이렇게 엄마와 하는 놀이와 게임을 통해 수학적 사고력과 논리력, 문제해결력, 추리력 등을 자연스럽게 길러 나갔다.

나연이 같은 반 친구가 교문 앞에서 나를 붙잡고 했던 말이 문득 떠오른다. 어려서부터 그림책 읽어 줄 때마다 수 세기 하고 싶은 마음을 마음껏 드러냈던 아이, 그때마다 기다려주었던 나와 남편, 나연이에게는 수학문제가 쉽고 재미있는 놀이일 뿐이라 잘 할 수 있게 된 것 아니었을까. 고슴도치 엄마처럼 보일지 모르겠지만 결론적으로 나연이는 수학을 좋아하고 재미있어하고 자연스럽게 잘하는 아이가 되었다.

초등학교 2학년이 되면 학교에서 구구단을 배운다. 언니가 9살이 되었을 때, 구구단 외우는 것을 지켜보던 나연이가 구구단에 큰 관심과 흥미를 보였다. 너도 언니와 같이 외워보겠냐고 했더니 그렇게 하겠다며 처음엔 2단, 3단, 5단을 술술 외우더니 얼마 안 지나 9단까지 다 외워버렸다. 6

살밖에 안된 나연이가 그저 신통방통했다. 6살인 네가 어떻게 그렇게 구구단을 빨리 외울 수 있냐고 우린 그날부터 나연이를 '어메이징 나연'이라 불렀다.

아이들은 태어나면서부터 각자 저마다의 고유한 천재성을 가지고 태어난다고 한다. 아이들 각자의 이름 앞에 어메이징이란 수식어를 붙이는 게 어쩌면 당연한 일일지도 모르겠다. 부모들은 아이들이 지닌 타고난 잠재력을 끄집어내기 위해서라도 아이들에게 다양한 경험을 접하게 하고, 함께 놀아주면서 아이들이 가진 재능을 눈여겨 살펴볼 필요가 있다. 또한 아이가 좋아하고 관심 갖는 분야에 있어서는 그에 어울릴만한 환경을 제공함으로써 꾸준히 그 분야가 발달할 수 있도록 도와준다면, 아이는 자신이 가진 능력을 마음껏 드러낼 것이다. 숫자놀이를 수도 없이 한 결과로 탄생한 '어메이징 나연'이를 통해 이야기 할 수 있게 되었다.

일상에서 과학적 사고력과 상상력 키우기

나원이가 4살이 되던 해에 둘째가 태어났다. 살면서 그 시기만큼 내 몸이 두 개였으면 좋겠다고 간절히 바란 적도 없었던 것 같다. 아이를 두 명 이상 출산한 경험이 있는 엄마라면 누구나 끄덕일 것이다. 갓 태어난 아기를 돌보랴 그 위의 아이를 챙기랴 내 한 몸 건사하랴 몸이 두 개여도 부족한 상황이다.

그날도 평소와 다르지 않았다. 둘째에게 모유수유를 하고 안방에 재워놓은 뒤 방문을 살그머니 닫고 거실에서 혼자 놀고 있는 나원이를 향해 까치발로 걸어 나왔다.

그 때, 거실에서 엄마를 기다리고 있던 나원이를 바라보는데 애잔했다. 동생이 깰까봐 혼자 조용히 놀며 엄마를 기다려준 나원이가 너무 고맙기도 하고, 안쓰럽고 애처로웠다. 그 마음은 뭐였을까? 아직 엄마 품에 더 많이 안겨있고 싶고, 더 많이 엄마와 살을 비벼대며 놀고 싶어 할 우리 네 살배기 아가 나원이. 하루 24시간 중 많은 시간을 동생에게 양보해야 하는 나원이에게 미안했다. 순간 피곤한 마음은 사라지고 나원이와 신나고 재미있게 놀아주고 싶다는 생각이 강하게 밀려왔다. 난 나원이에게 DVD를 잠깐 틀어주고, 엄마 빨리 다녀온다고 말하고는 길 건너 있는 서점으로 뛰어갔다. 그곳에서 나원이와 재미있게 할 만한 과학 실험 책 두 권을 빠르게 골라 집으로 뛰어왔다. 다행히 둘째도 잘 자고 있었고, 나원인 DVD 아직 안 끝났다며 편안하게 기다려주고 있었다. 책에는 생활 속에서 아이와 할 수 있는 다양한 과학놀이가 들어있었다. 나원이는 엄마와 함께 하는 모든 행동을 다 좋아했지만 특히 일상에서 하는 실험놀이는 다른 무엇보다 크게 호기심 갖고 적극적으로 참여했다. 실험놀이하자면 환호성부터 질렀으니 말이다. 그때부터 우리 집은 과학실험실이 되었다.

책을 사온 첫날은 집에 있는 재료들로 가능한 놀이부터 했다. 냉장고에 있던 우유와 물감 몇 개를 가져와 우유 마블링 놀이를 했다. 간단한 놀이였다. 넓은 그릇에 우유를 담고 물감을 한곳에 뿌려준다. 몇 가지의 물감을 섞이지 않게 군데군데 뿌려주면 끝이다. 다양한 색의 마블링 효과를 볼 수 있어 아이들이 더 좋아한다. 면봉에 주방세제를 묻혀 물감이 묻은 곳에 살짝 올려놓고 관찰하기도 한다. 면봉을 갖다 대면 물감이 물 흐르듯이 좌아악 퍼져나가는 모습을 보게 될 것이다. 나는 나원이 상상력을 자극하기 위해 "괴물이 나타났다!" 외치면서 여러 가지 색깔이 퍼져 나가는 모습을 보게 했다. 계속 괴물모양이 바뀌는 모습에 나원인 호기심 가득한 얼굴로 신기해하고 몹시 즐거워했다. 나원이와 나는 면봉으로 자동차, 고양이, 강아지, 엄마, 아빠, 동생, 자기모습 등 한참을 그리며 놀았다. 마블링물감을 묻힌 면봉으로 종이위에도 그려보게 했다. 과학놀이가 미술놀이로도 확장되는 순간이었다. 나원이의 즐거워하는 모습을 보니 둘째가 잠들어있는 동안만큼은 최대한 나원이와 집중해서 놀아야겠다고 다짐했다.

아이들이 잠든 시간 과학실험 책을 꼼꼼히 살펴보니 일상 속에서 아이의 호기심을 자극해 과학적 사고를 기를 수 있게 할 만한 놀이는 다양했다. 쉽게 구할 수 있는 풍선하나만으로도 아이와 재미있게 놀 수 있었다. 공기를 주입한 뒤 손에 쥐고 있던 풍선을 갑자기 놓아 풍선로켓이라고 하면, 저 멀리 날아가는 풍선을 보던 아이들은 까르르르 신나했다. 왜 풍선이 날아가는지 아이가 물으면 풍선안의 공기가 밖으로 빠져나오면서 앞으로 나아가는 거란 간단한 설명만으로도 아이는 충분히 이해했다.

아이들이 어릴 때 관심을 갖는 대부분의 주제는 과학과 밀접한 관련을 갖는 것들이 굉장히 많았다. 지적 호기심이 왕성한 시기에는 "왜?"를 달고 살았기 때문에 그때마다 아이의 눈높이에 맞게 호기심을 해결해줄 방법을 찾아야 했다.

나원이와 나연이는 어릴 때부터 자연 속에서 뛰어놀 시간이 많았다. 그때마다 곤충과 벌레를 채집하러 다녔고, 길가다가 줄지어 기어가는 개미떼들을 발견하는 날엔 발걸음 멈추고 한참을 관찰하느라 바빴다. 개미떼 놓칠세라 무릎을 땅에 대고 구부정하게 엎드린 채 장시간 관찰하고 있는 아이들을 보고 있노라면, 빨리 가자는 말이 나오질 않았다. 오히려 살아있는 곤충을 관찰하고 탐구하는 것은 결코 쉬운 일이 아니란 것을 잘 알아, 아이들이 관찰에 몰입할 수 있게 방해하지 않고 끝까지 기다려주었다.

어린 아이들일수록 자연속의 대상들에 관심과 호기심이 넘쳐난다. (아이들과 길을 가다 흙과 나무, 열매와 지저귀는 새들, 꿈틀대는 곤충을 발견하면 즉시 발걸음을 멈추고 아이들이 실컷 관찰하고 느끼고 탐구할 수 있게 도와주고 기다려주는 것이 필요하다. 아이들의 시각과 청각 그리고 후각을 통해 자연교감을 나누는 것은 값비싼 장난감을 갖고 노는 것보다 훨씬 위대하고 창조적인 순간일 거라고 믿는다.) 그렇게 집으로 돌아온 그 날 밤이면 두 딸은 낮에 본 곤충들을 집에 있던 파브르 곤충기전집에서 찾아보며 지식을 채워나갔다. 그때마다 아이들은 책에 몰입했다.

아이들이 자연과 교감하던 날은 수없이 많았다. 아이들은 바닷가 놀러 갈 때마다 돌멩이 모아오는 것에 열정을 쏟았다. 항상 돌멩이를 담을 통을 준비해야 할 정도였다. 모아온 돌멩이가 많아질수록 암석에 대한 관심이 급격히 늘어났다. 하루는 나원이가 두껍고 무거운 백과사전을 끼고 공원으로 나가서는 암석 하나하나 찾아보며 백과사전 속 암석사진과 비교하기도 했다. 공원 바위에 앉아 돌을 잔뜩 모아놓고 노트에 세세하게 기록까지 하는데 그 모습이 경이롭기까지 했다. 암석에 대한 호기심이 나원이의 탐구심을 불러일으킨 것이다.

여름이면 개구리를 찾아 다녔다. 집 근처 공원에만 나가도 개구리 울음소리가 끊이질 않는 동네였다. 남편은 아이들에게 개구리를 잡아 보여주었는데, 그때마다 개구리를 직접 만져보고, 쓰다듬으며 귀여워하던 아이들이었다. 아이들은 자연에서 본 모든 것들을 집에 돌아와 책을 통해 확인하고 조사해가며 과학적 지식을 채워나갔다. 아빠와 직접 잡아본 개구리 촉감이 생생했는지 초등학교 2학년 때는 하도 개구리를 자주 그려서 친구들 사이에 별명이 개구리였다고 한다. 우연한 순간도 놓치지 않고 특별한 경험으로 만들어 내기 위해 노력한 것이, 아이들에겐 소중한 자산이 되는 것 같았다.

자연에 대한 관심이 넘치던 아이들은 자연스럽게 하늘을 관찰하게 되었고, 그 순수한 호기심은 별과 행성 그리고 우주까지 점점 확장되어갔다. 아이들의 우주에 대한 무한한 호기심덕분에 우리가족은 우주를 배경으로 한 영화나 다큐를 자주 찾아보기도 했다.

평소 우주와 블랙홀에 대해 호기심과 궁금증을 갖고 있던 나원이에게 우주관련 영화는 기대이상의 자극이었다. 나원이는 영화를 보고 나서 블랙홀에 대한 추가 호기심을 책을 통해 채워나갔다. 어느 날은 남편이 퇴근길에 나원이를 위해, 블랙홀을 연구한 과학자 스티븐호킹의 블랙홀관련 책을 사다주었는데 그 두꺼운 저서를 단숨에 다 읽더니, 나에게도 꼭 읽어보라며 권했다.

가끔 나는 두 딸에게 꿈이 뭐냐고 물어본다. 여러 개의 꿈을 말하곤 하는데, 그 중에 과학자 또는 탐험가는 매번 빠지지 않고 들어가 있다. 어렸을 때부터 과학실험을 놀이삼아 자주 해왔고, 살아있는 모든 것에 호기심 어린 눈으로 직접 관찰하고 손으로 만져보며 과학적 지식을 키워나갈 수 있었다. 이렇게 해서 얻은 지식은 결코 남들이 연구해 놓은 자료를 그대로 받아들이는 것이 아니라, 새로운 것을 창조해내는 살아있는 지식을 얻기 위한 노력의 과정일 것이다. 과학적인 사고를 키우는 것은 절대로 벼락치기 공부로는 되는 일이 아니다. 산책을 하다가도 자연과 교감하며 생긴 번뜩이는 아이디어는 세상을 움직이는 동력이 될 수도 있고, 그것이 현실에 반영되어 왜? 라는 질문으로 끊임없이 이어진다면, 나원이, 나연이 뿐 아니라 우리 아이들이 세상을 바꿀 수 있을지도 모르는 일이다.

뛰어놀기의 효과

어린 두 딸들을 기관에 보내지 않으니 자유롭게 뛰어놀 시간이 많았다. 아파트에 있는 놀이터를 돌땐 그네, 시소, 미끄럼틀은 기본이고 운동기구란 운동기구는 전부다 사용해보며 시간을 보냈다. 같은 단지 아파트 놀이터에서 놀다가 싫증이 나면 다른 단지 놀이터로 옮겨갔다. 그렇게 장소를 바꿔가며 술래잡기하기도 했다. 우리 세 모녀는 상어놀이도 자주 했다. 상어놀이(우리끼리 지은 이름)란 미끄럼틀이 연결된 기구에서 술래잡기하는 놀이었다. 우리 셋은 땀이 범벅 되어 지칠 때까지 뛰어다녔다.

떠올려보면 나 어릴 적에도 그랬다. 근사한 장난감 가지고 논 기억은 별로 없고, 집 근처 공터에서 숨바꼭질, 잡기놀이, 얼음땡, 고무줄놀이를 하며, 열심히 몸으로 뛰놀던 기억이 난다. 뛰어 놀 생각에 신이 나, 일어나 밥 먹자마자 친구들과 만나러 집 앞 공터로 달려가던 나였다. 그저 즐거웠던 기억덕분인지, 신나서 뛰어노는 아이들 볼 때마다 그 마음이 어떨지 알 것 같았다. 어릴 적 나만큼이나 뛰어놀기를 좋아하는 아이들이었다. 지나 가다 초등학교 운동장이라도 보이면 아이들은 쏜살같이 달려가 철봉부터 매달렸다. 손이 닿는 철봉이야 혼자서 매달리면 되지만, 높이가 꽤 높은 철봉은 번쩍 안아 올려줘야 한다. 첫째가 매달려있으면 어김없이 둘째도 들어 올려달라고 조른다. 그럴 때마다 나는 누가 오래 버티는지 게임하자 며 초를 재주었다. 팔 힘을 단련하기에 아주 좋은 운동이었다. 운동장에는 축구 골대가 있었는데 공을 자주 들고 나가 축구시합도 했다. 학교 운동장 은 아이들의 새로운 놀이터였다.

  자주 가던 초등학교 운동장 옆엔 넓은 공원이었다. 이미 운동장에서 실 컷 논 상태였는데도 아이들은 공원을 그냥 지나치지 못하고, 심지어 더욱 활기차게 뛰어놀았다. 잠자리 보이면 잠자리 잡으러 뛰어다녔고, 나비와 꿀벌을 쫓아 뛰어다녔다. 공터라도 만나면 아이들은 숨이 턱에 닿을 때까 지 사방치기, 안경놀이, S자놀이, 쌍S자 놀이 하며 폴짝폴짝 뛰어놀았다. 아이들을 위해 전래놀이를 배워둔 덕분에 알차게 활용할 수 있어 좋았다. 아이들은 완전히 땀에 흠뻑 젖어 몰입해 있었다. 그러다 문득 창의적인 아 이디어가 생각났는지, 놀이를 변형해 보자고 제안하기도 했다. 자유롭게 뛰어 놀게 했더니 번뜩이며 창의적인 생각이 떠오른 아이들을 보며 놀이 는 몰입뿐 아니라 뇌의 여러 영역을 발달시켜주는 창조적 행위라는 사실 을 깨닫게 되었다. 그렇게 실컷 놀고 나면 아이들 얼굴은 빨갛게 상기되어 있었고, 하도 뛰어 다리도 풀린 듯 해 보였다. 무엇보다 실컷 놀아 만족한 모습이었다. 집 가까이에 아이들이 마음껏 숨 쉬고, 뛰어놀 수 있는 드넓은 공원이 있다는 사실에 마냥 감사하고 행복했다.

어느 날 퇴근한 남편이 플라톤의 〈국가론〉을 건네며 교육부분을 꼭 읽어보라고 권했다. 내가 아이 교육에 관해서 많은 지혜를 얻고자 한다는 걸 남편은 잘 알고 있었다. 남편 추천대로 교육과 관련한 부분을 읽기 시작했다. 소크라테스는 체육도 음악처럼 어려서부터 교육해야 하고, 평생 지속해야 하며 체육은 체력을 유지하기 위해 배우는 것이라고 했다. 아이들 체육 교육의 중요성을 고대 대표적 철학자인 소크라테스도 언급했다. 소크라테스 말처럼 아이 신체단련을 위해서라도 아이들을 데리고 더 자주 밖으로 나가지 않을 수 없게 되었다. 덕분에 우린 집 밖에서 반나절 신체활동하고 귀가하는 것이 하루 일과였다.

자주 나가 뛰어놀게 한 덕분인지, 나원이는 체육 하는 것을 좋아했다. 초등학교 1학년 땐 태권도 학원에 다니고 싶다고 했는데, 당시 피아노 학원을 다니고 있던 터라 학원은 한 군데로 충분하다 판단하여 대신 엄마와 많이 뛰어놀자며 나원이를 설득하기도 했었다. 수업과목에 체육이 생기고부턴 체육수업 때문에 학교에 가는 아이 같기도 했다. 가족여행으로 체험학습을 내자고 하면, 그날 체육수업이 있는지부터 먼저 살폈다. 체육과목이 끼어있는 날엔, 남편과 나는 여행도 양보해야했다. 학교에서 배우는 온갖 운동이란 운동은 모두 재미있어하고 즐거워했다. 여자 아이들 중 자기 혼자 뜀틀 5단 높이에서 앞구르기하고 내려오는 것을 성공했다며 집에 와서 자랑을 늘어놓았다. 나 학창시절엔 뜀틀 쪽으로 달려가 제대로 넘지도 못하고 뜀틀 위에 털썩 주저앉는 날이 다반사였는데, 나원이는 나를 닮지 않은 것 같아 다행이라 생각했다.

상어놀이의 효과가 빛을 보기도 했다. 언제부턴가 나원이 달리기 실력이 껑충 늘어있었다. 나원이가 3학년 때 학교 체육대회에서 계주선수로 뽑혔다고 했다. 체육대회 당일 나원이 뛰는 모습을 직접 봐야 한다며 휴가까지 낸 남편은 아침부터 설레어 보였다. 아침을 먹고, 나연이를 데리고 남편과 나는 나원이네 학교 운동장으로 향했다. 계주는 체육대회 하이라이트라고 했던가! 역시 마지막 순서였다. 계주가 시작되고 청팀, 백팀 선수가 뛰기 시작했다. 나원이 차례가 다가오자 배턴을 재빠르게 이어받을 정확한 자세를 취하고 있었다. 나원이 모습을 보니 계주 선수로 뽑혔다고 집에 와서 말하던 날, 나에게도 배턴 잡는 정확한 방법을 알려준 사실이 문득 떠올랐다.

"엄마! 이어달리기 할 때 자기 차례가 되면 어떻게 배턴 이어받는 건지 알아? 자 봐봐. 손을 이렇게 하면서 자세는 이렇게 해야 빠르고 정확하게 받을 수 있어!"

달려오던 같은 팀 선수에게 잽싸게 배턴을 이어받은 나원이는 발이 안 보일 정도로 빠르게 달려 나갔다. 상대팀 선수와 꽤 간격이 벌어질 만큼 앞질러 달려가는 나원이를 보고 사회자가 마이크를 입에 대고 큰소리로 말했다.

"오우, 어디서 이렇게 빠른 아이를 데려 왔어요?"

모든 일은 결코 하루아침에 이루어지지 않았다. 매일 반복하는 사소한 행동들이 쌓이고 쌓여 처음에는 작은 변화를 일으키고, 결국에는 인생의 기적이라고 할 만큼의 놀라운 변화를 만들어내는 법이다. 마치 우리 모녀의 지난 시간을 알아주는 듯 사회자의 멘트에 나도 모르게 울컥했다. 지난날 오로지 신체능력을 단련시키고자 부단히 노력했던 일들이 머릿속에 주마등처럼 지나갔다. 엄마 아빠는 숨이 턱에까지 차오를 만큼 빠르게 달려준 나원이가 그저 자랑스러웠다. 물론 잘 뛰어준 것도 그렇지만, 팀을 위해 최선에 최선을 다하던 나원이가 가장 자랑스러웠다. 운이 좋게도 그날 이어달리기는 나원이가 속한 백팀의 승리로 끝났다.

어느 날, 학교에서 돌아온 나원이가 이야기 했다.

"엄마! 오늘 학교에서 농구 배웠는데, 선생님이 나더러 농구학원 다녔냐고 물어봤어! 나 태권도 학원도 한번 안 가봤는데. 히히."

자연에서 자유롭게 뛰어놀며 스스로 탐구할 수 있게 충분한 시간을 주었던 것이 우리 아이들에게 최고의 선물이 아니었나 생각한다. 그저 동네 놀이터, 공원, 학교운동장등 오가며 신나게 뛰어 놀았을 뿐인데 이렇게 체력과 운동 신경 면에서 우수하단 평가를 덤으로 들으니 자신들의 역량을 잘 발휘해주는 아이들에게 고마울 따름이다.

요즘은 놀이터를 지날 때마다 코로나19 때문에 마스크를 쓴 채 놀고 있는 어린 아이들을 보면 마음이 너무 아프다. 그마저도 막아놓은 놀이터도 많이 눈에 띈다. 하루빨리 코로나19가 종식되어 자라나는 우리 아이들이 햇볕 아래에서 신나게 마음 놓고 자유롭게 뛰어놀 수 있기를 진심으로 바래본다.

영어도 엄마표로

나는 나원이가 태어나고 애기 때부터 영어동요를 통해 영어소리를 자주 들려주었다. 나원이가 영어소리에 친숙해지는 것을 목표로 삼았다. 이름만 들어도 엄마들 대부분 다 아는 영어동화의 유명한 책과 그에 딸린 CD를 여러 개 사서 틀어주었다. 낮잠을 잘 때도 엄마 음성으로 자장가를 불러주는 날이 대부분이긴 했지만, 가끔은 잔잔한 영어동요 자장가를 틀어놓고 재웠다. 어릴 때부터 자주 들려준 영어동요와 영어자장가는 나중엔 아예 다 외워버렸다. 노래를 끝까지 정확히 따라 부르는 모습에 놀라웠다.

나원이가 두세 살 때는 그림이 선명한 한 두 줄짜리 영어그림책을 종종 읽어주었다. 그러나 영어보다 모국어인 한글 그림책 읽어주기에 더 정성을 쏟았던 시기였으므로 한글 책을 더 자주 더 많은 시간 읽어준 것이 사실이다. 영어라는 언어도 모국어를 기반으로 해서 성장 한다는 사실을 믿고 있었기에 한글 책 읽어주기에 더욱 심혈을 기울일 수밖에 없었다. 다만 나원이가 영어소리에 거부감 없이 가까워지기를 바랐기에 영어동요와 쉬운 영어그림책들을 단지 자주 접하게 해주었던 것이다.

나원이가 다섯 살쯤 되었을 때 영어유치원에 보내볼까 심각하게 고민했던 적이 있었다. 아이가 영어동요를 매우 즐겁게 따라 부르기도 하며, 영어에 많은 관심을 보이던 시기였다. 어느 날 사뭇 진지한 표정으로 나원이가 나에게

"엄마, 나 영어 정말 잘하고 싶어. 계속 영어로 말하고 싶어."

나원이 표정과 말에서 느낄 수 있었다. 영어를 모국어처럼 잘하고 싶어하는 마음을! 그 당시 나 또한 나원이가 자라서 영어라는 언어를 도구 삼아, 지식을 얻거나 관계를 맺고자 할 때 어떠한 제약도 받지 않고, 자유롭게 배우고 관계 맺으며 살아가게 하고 싶었다.

물론 영어유치원이 정답은 아닐 수 있었다. 그러나 자라나는 나원이에게 영어를 보다 친숙하게 느끼도록 해주는 것, 그것이 영어유치원 역할이라고 한다면 다니게 하고 싶은 마음이었다. 마침 동네에 나원이 친구 엄마가 두 딸들을 영어유치원에 보내고 있었다. 나는 그 엄마에게 소개받은 영어유치원 원장님 교육 철학이 남다르다는 얘기를 듣기도 했다. 그렇지 않아도 관심 가던 터라, 상담을 목적으로 영어유치원에 처음 가보았다.

원장님은 딸아이 친구 엄마에게 듣던 대로 평소 유아교육에 있어 중요하다고 생각하는 나의 교육관과 비슷한 교육관을 갖고 있었고, 특히 영어교육에 깊은 철학이 있는 분이었다. 아이들에게도 따뜻하고 상냥하게 대하시는 모습에 유독 마음이 끌렸다. 원장님만 뵙고 나서는 그 곳에 나원이를 보내도 되겠다 싶었다. 그러나 아이들과 함께 지내는 원어민 선생님들을 보고 의문이 생겼다. 유아교육과나 아동학과를 나오지 않은 젊은 외국

인 선생님들이 대부분이었다. 아이를 키워본 경험도 전혀 없고, 유아교육 관련 전공자도 아니고 영어를 할 줄 안다는 유일한 이유로 선생님이 된 그들이었다. 과연 어린 아이들에게 영어로 교육적인 효과를 잘 이끌어낼 수 있을지에 대한 의문이 생겼다. 그런 의문이 들자, 유치원도 아직 보내본 적 없는 딸을 무조건 영어유치원에 보내는 것이 여간 내키지 않았다.

영어유치원을 보내지 않기로 결심한 이후, 우연히 서점에서 엄마표 영어 관련도서를 접하게 되었다. 우주의 끌어당김 효과를 제대로 누린 건지, 그 당시 고민하고 있던 문제를 책을 통해 나름 답을 찾게 되었다. 그 후 영어유치원에 보내는 것만이 답이 아니란 확신이 들었다. 아무리 훌륭한 영어유치원이라고 해도 유아시절엔 세상에서 제일 안전하다고 느끼는 엄마와 영어를 놀이로 하면서 자연스럽게 배우고 익히는 방법이 더 나을 것이란 생각이 들었다. 그렇게 영어유치원에 대한 로망은 쉽게 접을 수 있었다. 엄마표 영어의 길을 앞서 걸은 선배 맘들의 경험과 노하우를 바탕으로 같은 길을 걷고자 하는 내 마음을 다져나갔다.

대부분의 엄마표 영어 관련 도서에서 반복하며 말하는 가장 중요한 것은 딱 두 가지였다. 매일 두 시간정도씩 아이들이 볼만한 교육용 영어 DVD나 영화로 영어소리를 노출시킬 것! 즉, 흘려듣게 하는 것이다. 그리고 매일 한 시간씩 영어책 집중듣기를 꾸준히 시킬 것! (집중 듣기란 책을 읽어주는 오디오 소리에 귀 기울여 텍스트를 따라가며 책을 보는 방법을 말한다.) 엄마표 영어에서 제일 중요한 것은 이렇게 두 가지다. 영어학원을 보내는 것보다 훨씬 경제적이고, 편안하게 집에서 할 수 있는 활동이라 아이도 어려워하지 않는다. 이렇게 하면서 틈틈이 영어책을 읽어주고, 점점 자라면서는 스스로 읽을 수 있도록 도와주면 된다.

나는 아이들 어려서부터 아이들이 재미있어할 만한 영어그림책들을 꾸준히 사서 힘닿는 대로 읽어주었다. (혹시나 싶어 일러두자면, 영어를 잘 못하는 엄마라도 괜찮다. 엄마들 중에는 발음이 좋지 않다며 영어그림책 읽어주는 것을 많이 꺼리는 엄마들도 많은데 아이들은 정작 엄마목소리로 읽어주고 말하는 모든 것을 다 좋아한다.) 책과 연계해 가끔은 아이들과 고무찰흙으로 동물도 만들고, 책에 있는 여러 사물을 만들며 놀아주었더니 그 영어책을 더더욱 재미있어했다. 세상에서 가장 듣기 편안 목소리는 엄마목소리란 사실을 기억하고 유아시절엔 한권이라도 더 읽어주고 아이와 그 책으로 놀 궁리를 하는 것에 초점을 맞추면 되는 것이다. (그러다 보면 자기가 재미있어하는 책은 아마 엄마발음과 상관없이 또 들고 와 읽어 달라 할 것이다.) 둘째 나연이는 두세 살 때 한글그림책보다 영어그림책을 훨씬 더 많이, 더 자주 가져와서 읽어달라고 했다. 영어그림책에 본인 또래의 어린 아이가 일상생활에서 겪는 일들로 그림 가득하다보니 아이의 흥미를 끌기 충분했다. 엄마가 재미있게 읽어주려는 그 마음 하나면 아이들은 엄마의 발음과는 상관없이 영어그림책에 푸욱 빠져 집중한다.

나원이에게는 다섯 살 때부터 교육용 영어 DVD를 보여주었다. 이것은 엄마표 영어에서 중요한 것 중의 하나인 "흘려듣기"를 목적으로 한 행동이었다. 마침 책도 있어 DVD를 보여주고, 책도 읽어주며 나원이의 흥미를 제대로 끌어올렸다. 나원이는 자막 없이 영어로 듣는 소리에 집중하며 DVD가 끝날 때까지 깔깔 웃으며 보았다. (집에 TV가 없었기에 한글 만화는 전혀 볼일이 없던 덕분일지도 모른다는 생각이 든다. 영어로 된 만화라도 아이에게 만화는 만화니까.)

요즘은 유튜브나 넷플릭스를 통해서도 아이가 좋아할 만한 영어 영화나 애니메이션을 쉽게 찾을 수 있다. 매번 DVD를 사서 아이들에게 보여주다가 유튜브에 올라와 있는 양질의 동영상을 발견하고 무척 반가웠었다. 물론 아이가 어릴수록 엄마표 영어 초반에는 같은 것을 무한 반복해서 듣고 보려고 하기 때문에 영어동요 CD나 DVD를 온라인 서점에서 직접 사서 틀어주는 것을 권한다. 그러나 매번 사서 보여주는 것이 부담스러울 수 있으니 아이가 좋아할 만한 유튜브 영상을 엄마가 미리 확인하고 잘 활용하는 것도 좋은 방법이다. 나원이 나연이는 이제 어느 정도 컸다고 자기들이 보고 싶은 영어영상을 각자 알아서 틀어서 본다. 두 딸들은 여전히 흘려듣기를 하며 영어도구를 차곡차곡 쌓아가고 있다. 좋아하는 DVD를 볼 때는 누가 불러도 대답도 못할 만큼 빠져서 본다. 학원에 다니지 않는 나원이, 나연인 시간에 쫓기지 않다보니 매일 두 시간씩 흘려듣기 할 시간도 충분하다.

가끔 온 가족 자막 없이 영화를 볼 때도 남편과 나는 잘 못 알아듣는 영어를 나원인 정확히 파악해 항상 신기하다. 그동안 흘려듣기 내공이 쌓인 덕분이다. 나원이가 4학년 때 영어수업을 마치고 집에 돌아와 말하기를

"엄마~ 오늘 영어시간에 학교에서 선생님이 영어소리를 듣게 하고, 그것이 뭔지 맞추기 게임을 했는데 영어 학원 다닌다는 애들은 한명도 못 맞췄고, 나랑 그 친구(그 친구도 엄마표 영어를 한다.) 둘만 손들어서 답을 맞혔어. 난 그 소리가 정말 잘 들렸는데 애들은 무슨 말인지 몰랐나봐."

"어머! 정말? 와~ 우리 딸은 어려서부터 흘려듣기를 꾸준히 해왔으니 귀가 아마 뚫려서 그럴 거야~ 우와 대단한데?"

흐뭇해 하며 자랑하는 나원이에게 제대로 맞장구를 쳐주었다. 나원이는 저학년 때 푸욱 빠져서 보고 또 보고를 반복했던 해리포터를 원서로 만나 7권을 다 읽어냈다. 4학년 때 해리포터를 집중듣기 하고 싶다고 해서 얼른 원서와 음원을 구해주었던 기억이 난다. 중간 중간 뉴베리상을 수상한 고전이나 소설류 원서를 섞어가며 넣어주었더니 꾸준히 잘 읽어나갔다.

어느 날 둘째가 설거지하고 있던 나에게 다가와 말한다.

"엄마, 언니가 자기랑 놀 때 영어로 말하지 않으면 절대 같이 안논데."

"그래? 그럼 우리 나연이도 언니랑 영어로 말해야 같이 놀 수 있겠네?"

"응, 근데 언니랑 영어로만 말하면서 노니까 더 재미있어."

둘째도 은근히 재미있다고 했다. 아이들은 하루 종일 중얼중얼 서로 끊임없이 영어로 대화하며 논다. 마치 자매둘이 나오는 영어 DVD를 하루 종일 틀어놓은 것 같다. 그동안 엄마표 영어를 하면서도 별다른 아웃풋이 없었는데 이제야 봇물 터지듯 아이들 입에서 영어가 자연스럽게 터져 나오니 참 신기할 따름이다. 나원이는 놀 때뿐 아니라 혼잣말을 할 때도 영어로 말하고 내가 질문을 해도 영어도 대답하며 동생과 아빠가 묻는 말에도 다 영어로 답한다. 처음에는 나원이가 장난치는 줄 알았다. 그러나 자기혼자 끊임없이 영어로 말하는 모습에 신기해서 가만히 지켜보았다. 지식을 말해주는 영어동영상을 틀어주면 자기 수첩에 한글로 바꿔 적는 모습을 우연히 보고 확실히 귀가 트였다는 생각에 이젠 원어민과의 대화도 자연스럽겠구나 싶다. 나는 앞으로도 아이들 초등학교시절엔 영어학원에 보낼 생각이 없다. 엄마표 영어로 편안하게 집에서 흘려듣기 시키고, 집중듣기 시키며 지금처럼 꾸준히 보낼 생각이다. 영어로 사고하고 서슴없이 영어가 한국어처럼 자유롭게 터져 나오는 그날까지 말이다.

나원이는 한 가지 외국어를 자연스럽게 터득해서인지 요즘은 프랑스어에 관심이 매우 많다. 내 스마트폰 앱으로 외국어배우기를 다운받아 자주 프랑스어를 틀어놓고 혼자서 공부중이다. 스스로 프랑스 단어를 꽤 많이 터득한 모습에 남편과 난 그만 입이 벌어졌다. 이렇게 외국어에 호기심을 갖고 스스로 즐겁게 언어를 배우는 나원이의 모습에 대견하기도 하고, 많은 부모들이 아이들 외국어 습득을 이런 방법으로 자연스럽게 해나갔으면 하는 바람이다.

잔소리 대신 사자소학

"둘 다 그만두지 못해?"

"누가 먼저 시작했어? 말해봐!"

"그런 사소한 걸로 싸우다니, 어떻게 너희는 잘 놀다가도 뜬금없이 싸우니?"

"너희 둘 때문에 엄마 병들겠다. 오래 못 살 것 같아 정말."

"너희는 왜 양보할 줄을 모르니? 서로 배려 좀 해!"

이 모든 말은 아이들 싸울 때마다 무심코 내입에서 튀어나온 말들이다. 내가 말해놓고도, 그때마다 아이들 싸움에 별 도움 되는 말이 아니라 아이들 기분만 더 상하게 하는 말이란 걸 깨달았다. 어느 날부터는 아이들에게 잔소리처럼 던져지는 이 말들을 내뱉지 말자고 다짐했다.

아이들 겨울 방학 때 일이다. 나원이, 나연이 둘은 티격태격 서로 다투고 있었다. '녀석들 또 싸우네.'하는 심정으로 평소처럼 조용히 모른 척 하며 '금방 잠잠해지겠지.'라는 바람으로 기다리던 찰나였다. 그러나 바람과 달리 두 녀석들 목소리가 점점 커지더니 급기야 서로 툭툭 때리기까지 하고 있는 게 아닌가! 절대 폭력을 써서는 안 된다고 항상 강조해서 일러뒀는데, 순간 화가 났는지 동생이 먼저 언니를 때렸던 모양이다. 개입해야 되겠다 싶어 방문을 열었다.

"무슨 일이야? 거실까지 크게 들려서 엄마 들어왔어. 말해봐."

"언니가 먼저......" 억울한 마음이 가득했는지 나연이가 먼저 울먹이며 입을 연다.

"나원아, 말해봐. 무슨 일이야?"

"김나연이 자꾸 나 따라다니면서 내꺼 보지 말라고 해도 보잖아! 애 좀 데려가 엄마!"

자식이 한명 일 땐 전혀 몰랐다. 이렇게 자주, 별것도 아닌 소소한 일로, 티격태격 싸울 줄은.

"너희들 잠깐만 이리와 봐."

나는 아이들을 거실로 불렀다. 그러고는 얼마 전 미리 사두었던 '사자소학' 책을 아이들 손에 각자 한권씩 들려주었다. 굳이 아이들 싸울 때 꺼내려고 샀던 건 아니었다. 아이들과 함께 읽으면 좋을 고전목록을 작성하다가 초등학교에 입학한 둘째를 위해서라도 자신의 생활을 돌아보는 의미로 함께 읽으면 좋겠다 싶어 미리 사두었던 책이었다.

그러다 둘이 피 한 방울 안 섞인 듯 티격태격 으르렁 대며 싸우는 모습을 보니 형제, 자매간의 어떤 마음으로 서로를 대해야하는지 그 근본부터 가르쳐야 할 것 같아 히든카드로 꺼내든 것이었다. '함께 큰소리로 낭송하며 마음가짐의 기본부터 배우게 해야겠다.' 라는 마음이었다.

　"오늘부터 엄마랑 이 사자소학 책에 나온 이야기들을 매일매일 낭송할 거야. 큰소리로 또박또박 한 구절 한 구절 읽는 거야~ 알았지?"

　아이들은 평소대로라면 "너희들, 또 싸워?"라고 길게 잔소리 늘어놓아야할 엄마가 그러기는커녕 '사자소학'책을 손에 들려주니, 두 녀석 모두 의아한 표정이었다. 다행히 아이들 반응은 내 기대대로였다. 겉표지의 예쁜 색감이 아이들 마음을 끌었는지, 두 녀석 모두 아무 말 없이 책장부터 넘기는 모습을 보고 '내 1차 꿍꿍이가 성공했네.'란 생각에 살짝 뿌듯하기까지 했다.

　사자소학 책은 1부 "나와 부모의 관계"에서부터 시작해 8부 "좋은 삶"에 이르기까지 총 8부로 나뉘어져있다. 그중에서도 나는 아이들에게 3부에 나와 있는 나와 가족 편 먼저 펼쳐보라고 말했다. 한자가 가득 쓰인 사자소학이었지만 두 녀석은 엄마의 말대로 큰소리로 낭송하기 시작했다. 방금 전까지 서로 으르렁대며 싸운 자신들 모습은 어느새 다 잊은 듯했다.

　"형제와 자매는 같은 기운을 받고 태어났다. 맏형, 아우 제, 언니 자, 누이 매, 같을 동, 기운 기, 말 이을 이, 날 생." 한자 하나하나 뜻과 음도 같이 읽어나갔다.

　"형은 아껴주고, 아우는 공손하여 원망하거나 성내지 않는다."

　"몸은 비록 다르지만, 본래 한 기운에서 태어났다."

아이들이 읽는 내내 난 아이들의 표정을 유심히 살폈다. 결정적인 문구 "형제간에 잘못이 있으면 숨겨주고 드러내지 마라." 이 부분에서 나는 잠깐 멈추자고 권했다. 방금 전까지 다투며 서로의 잘못을 엄마에게 드러낸 나원이, 나연이에게 꼭 필요한 핵심문장이었다. 그 문장을 읽은 아이들은 본인들이 반대로 행동한 걸 깨달았는지, 쑥스러운 미소만 지을 뿐이었다.

평소 언니가 조금만 서운하게 하거나, 언니의 실수가 있을 땐 나한테 쪼르르 달려와 고자질하던 둘째 녀석의 표정은 말은 안 해도 뭔가 뉘우침이 있어보였다. 한 구절 한 구절 읽으며 조금이라도 마음의 요동이 있기를 바랐던 나의 작전은 어느 정도 성공인 듯 했다.

아이들과 사자소학을 읽는 내내 내가 아이들에게 전하고 싶은 주옥같은 구절들을 만날 수 있어서 무척 행복했다. 같은 말이라도 엄마가 하는 말이라면 어쩌면 지겨운 잔소리로 들릴 수도 있지만, 책에 있는 문구를 읽는 아이들은 전혀 잔소리로 듣지 않고 오히려 새겨듣는 눈치였다. 형제, 자매간에 어떻게 마음을 나누어야하는지 나오는 대목에서는 "한잔의 물이라도 한 알의 곡식이라도 반드시 나누어 먹으라."고 하니 둘이 서로 큭큭 거리며 애써 웃음 참는 모습이었다. 내 눈엔 그 모습마저도 사랑스럽다.

같은 뱃속에서 나왔는데도 서로 아껴주고 배려하고 양보하지 못하고 어찌 저렇게 상처를 주며 싸울까 싶어 원망스럽거나 엄마로서 속상 할 때도 있었다. 그래도 엄마가 건넨, 어찌 보면 재미하고는 거리가 먼 책일 텐데도 매일매일 꾸준히 낭송해 준 아이들이 고마울 따름이다. 생각해보면 아이들뿐만 아니라 어른인 나 역시 남편하고 의견차이가 있거나 언니들과 생각이 달라 부딪힐 때에도 여전히 티격태격한다. 나조차도 그러는데 아이들이 마냥 사이좋게만 지내기를 바라는 건 과한 욕심일 수도 있겠다 싶다. 특히 아직 마음이 다 자란 상태도 아닌 초등학생 둘인데 어쩌면 싸우며 크는 게 당연할지도 모르겠다. 이럴 때일수록 잔소리를 줄이고 아이들이 서로를 위하고 배려하는데 더욱더 효과적인 방법이나 대안을 찾는 게 훨씬 좋은 방법이란 것을 새삼 알게 되었다.

낭송 사자소학 덕분에 나원이는 자기만의 노트를 만들었다. 노트에는 우리가족에게 어울릴법한 사자소학을 매일 한 구절씩 써나갔으며 필사도 하고 있다. 둘째 나연이 역시 매일 사자소학을 필사하고 있고, 어려운 한자도 한 획 한 획 써 내려가는 모습이 내 눈에는 마냥 대견할 뿐이다. 사자소학 덕분에 상대방 마음을 존중하게 되었음은 물론 한자와 친해지는 일석이조의 효과까지 거두었다. 특히 가치관을 형성해나가는 저학년들이 읽으면 참 좋은 고전임에 분명하다.

아이들의 다툼이 사자소학을 접하게 한 좋은 기회로 만들어주었다. 위기를 기회로 삼은 것! 앞으로도 서로 마음의 갈등이 생기게 되면 엄마와 함께 낭송했던 사자소학의 구절들을 아이들이 떠올려보길 바래본다.

아이가 심심해도 좋은 이유

요즘 아이들은 심심할 틈도 지루할 틈도 없다. 학교 끝나는 즉시 학원으로 바로 가야 하고, 잠깐 시간이라도 나면 스마트폰을 들여다보느라 정신 없으니 말이다.

초등학교 고학년인 나원이에게 나는 지금껏 스마트폰을 사주지 않았다. 스마트폰 중독으로 인해 주변엄마들이 자녀들과 충돌하는 경우를 너무 많이 봐온 탓도 있지만, 스마트폰이 아이에게 미칠 부정적인 영향이 많이 우려되었기 때문이기도 하다. 사실 지금까지 스마트폰은 고사하고, 전화기능이 있는 휴대폰을 아예 사준 적이 없다.

저학년을 지나 중학년쯤 되었을 때, 체험학습이나 수업시간에 종종 카메라가 필요 할 때가 있었던 모양이다. 그럴 때마다 나원이는 핸드폰 있는 친구들의 도움을 받았다고 한다. 그러던 어느 날 나원이에게 물어보았다.

"핸드폰 없어서 불편하지 않아? 엄마가 핸드폰 하나 사줄까? 언제? 있으면 엄마가 외출하거나 나원이가 외출했을 때 통화도 되니 편하잖아."

나원이의 대답은 단번에 "NO!" 였다.

이유를 물어보니 들고 다니는 게 더 불편하고 귀찮단다. 딸아이가 아니라 어떨 때 보면 사내아이 같다는 생각이 들 때도 있다. 요즘 아이들 다 갖고 있는 핸드폰을 사달라는 말 한마디 한적 없고, 갖고 싶으면 언제든지 말하라고 해도 본인은 굳이 필요 없단다. 반에서 유일하게 나원이만 핸드폰이 없는 것 같다. 본인 생각이 이렇다보니 나원이는 그동안 스마트폰에 빠져본 적 또한 없었다.

남편과 나는 결혼할 때 처음부터 아예 TV를 놓지 않았다. TV가 없으니 뉴스는 신문을 배달해서 보았고, TV가 없는 덕분에 퇴근 후 남편과 저녁 먹으며 대화하는 시간이 많을 수 있었다. TV를 보지 않는 대신 우리는 보고 싶은 책을 읽거나 신문을 보거나 음악을 들었다. 같이 영화도 다운받아 보고, 심심하면 남편이 종종 사온 보드게임으로 시간을 보내기도 했다.

나원이 나연이가 태어나고도 마찬가지였다. 두 딸은 TV없는 집에서 자랐다. 할머니, 할아버지 댁에 갈 때마다 보게 되는 커다란 텔레비전에 오히려 낯설어하기도 했다.

나원이가 일곱 살 때 하루는 남편의 사촌형 집에 놀러 간적이 있는데 우리 아이들이 만화를 좋아할 줄 알고 일부러 텔레비전을 켜주었다. 그러나 아이들은 정작 텔레비전엔 전혀 관심이 없고, 어른들 이야기만 귀 기울여 듣고 있으니 형님께서 "나원이, 나연이 되게 신기하다. 요즘 애들 만화 엄청 잘 보는데 집에 텔레비전이 없으니 TV엔 아예 관심도 없네?"하시며 놀라워했던 일도 있었다. 나원이, 나연이는 한 술 더 떠 너무 시끄러우니 껐으면 좋겠다고 말했다.

처음부터 텔레비전이 없는 환경에서 자라서인지 아이들은 심심하다고 느끼면 뭔가 재미있는 놀이를 자기들끼리 만들어냈고, 본인들이 만들어낸 놀이에 몇 시간이고 몰입해서 제대로 즐기며 자랐다. 가끔 주변에서 내게 물어온다. 집에 TV도 없고, 아이들은 스마트폰도 없는데 심심해하지 않는지 말이다. 그때마다 내가 하는 말이 있다.

"심심하게 해야 무엇을 하고 놀지 궁리도 하고, 자기들끼리 창의적으로 놀이도 만들어 내고, 그 놀이에 집중해서 제대로 즐기게 돼요."

뿐만 아니라 심심하게 하면 빈둥빈둥 다니다가 거실 책장이나 자기들 방에서 읽을 책을 골라 털썩 주저앉아 몇 시간이고 깊은 몰입으로 책도 읽는다고 말이다. 그래서 비어있는 시간은 참 중요하다. '아, 심심해, 뭔가 재미있는 거 없을까?' 하며 생각할 공허한 시간을 아이들에게 너그럽게 허락해야 할 이유다.

아이들 유아시절 때는 아이들을 조금만 심심하게 해도 오히려 아이들의 정서와 감정 그 외에 발달 면에서도 좋지 않은 영향을 끼칠 것만 같아서 아이들을 심심하지 않게 하려고 늘 아이들 요구에 귀를 기울이고, 마음을 읽어주려고 노력했었다.

곁에서 같이 놀아주거나 책을 읽어주거나 놀이터를 나가 같이 뛰어놀거나 하면서 거의 매 시간을 무료하지 않게 보내려고 애썼다. 일곱 살까지

24시간 서로 붙어 지내며, 내가 요리를 하거나 청소를 할 때에는 아이들도 함께 참여하도록 지도했다. 시간이 더 오래 걸리더라도 아이들이 심심해할까를 염두에 두고 무슨 일이든 함께 경험하게 하고 느끼게 했다. 아이들은 엄마와 하는 모든 일이라면 그게 어려운 일이건 복잡하고 까다로운 일이건 간에 개의치 않고 두 팔 걷어 부치고 함께해 주었다.

그러다 '아이들 심심해할까?'를 염려해 조바심내지 말아야겠다고 생각한 계기가 있었다. 어떤 육아서에서 "아이를 심심하게 해야 창의력이 쑥쑥 자란다."라는 내용을 접하고 부터였다. 심심하게 할 때 창의력이 자라나는 이유는 여유 있는 시간 속에서 나름대로 생각을 키워나가고, 다양한 새로운 생각도 할 수 있으며 본인이 뭘 하고 놀까를 고민하다가 놀이도 자유롭게 창조해나갈 수 있기 때문이라고 했다. 그날부터 두 아이를 마음껏 심심하도록 편안한 마음으로 두었다.

최근에는 두 아이들이 이런 창조적 놀이도 만들어 냈다. 코로나19로 방학이 길어진 이번 겨울 방학 때 아이들은 영어 흘려듣기를 위해 시리즈물을 보던 중 주인공이 말을 타는 장면을 보며 말이 갖고 싶다고 했다. 말을 사달라며 우리 부부를 매일같이 졸랐다. 조르고 조르다가 도저히 안 되겠다고 생각했는지 어느 날 택배박스를 하나둘씩 모으더니 둘이서 근사한 말 두 마리를 만들어낸 것이다. 만들어낸 두 마리의 말은 실제 말 모습과 너무 닮아있었고, 어찌나 튼튼하게 보이던지 보자마자 나도 모르게 입이 벌어질 정도였다. 자신들이 그 위에 탈 수 있게 꽤 크고 튼튼하게 만들어 더욱 근사해 보였다. 여유롭고 한가한 시간 덕에 만들기 박사들이 새롭게 탄생한 거였다. 시간이 넉넉하면 아이들은 알아서 즐길 거리를 찾기 마련이다. 택배박스가 말로 탄생될 줄이야 생각지도 못했다.

　아이들을 더욱 창의적으로 만드는 건 장난감 없이 자기네들끼리 놀면서 스스로 장난감을 만들어 낼 때라는 것을 직접 확인했다. 자신들이 상상한 무언가를 만드는 그 과정에서 아마 아이들의 뇌는 창의적인 생각의 나래가 펼쳐졌을 것이고 사고의 폭도 확장되었을 것이기 때문이다. 두 마리의 말위에 방석까지 깔고 올라탄 아이들은 허리에 화살까지 차고 마치 카우보이가 된 듯 상상놀이에 오랫동안 빠져 있었다.

　어린 자녀들을 키우는 부모들이여! 아이들을 심심하게 해라. 아마 오늘은 또, 무슨 놀이를 할까 계속 상상하고 자신들이 알아서 즐길 거리를 찾을 것이다. 그 시간 속에서 4차 산업혁명 시대에 가장 중요하다고 하는 창의력이 쑥쑥 자라나리라!

친정아버지의 든든한 응원과 믿음

육아하며 주변 엄마들로부터 '독박육아'라는 말을 자주 들었다. 독박육아는 다른 사람의 도움 없이 혼자서 어린아이를 기르는 일을 비유적으로 표현한 말이다. 엄밀히 말하면 나는 독박육아는 아니었다. 물론 아침부터 남편이 퇴근하기 전까지는 독박육아였을지 모르지만, 저녁에 퇴근해 집에 돌아와서는 팔을 걷어 부치고 육아에 적극 동참하고, 가사노동에 참여해준 남편덕분에 독박육아는 면할 수 있었다. 하지만 아이들 유아시절에는 아침에 눈을 떠서 남편이 오기 전까지 체력적으로 많이 지칠 만큼 육아가 힘들었던 건 부인할 수 없는 사실이다. 내 새끼라 눈에 넣어도 안 아플 만큼 귀엽고 이쁜 아이들이지만 하루 종일 놀아주고, 먹이고, 씻기고 하는 일은 고된 일임에는 분명하다. 육아는 에너지를 많이 쏟아야 하는 일이 틀

림없다. 그럼에도 불구하고 내가 아이들을 어디에도 보내지 않고, 내 품에서 실컷 놀게 하고 먹이며 가르칠 수 있었던 데에는 친정아버지의 든든한 응원이 한몫했다. 결혼을 하고, 아이들을 출산해 양육하는 모습을 보시고는 아버지는 자주 말씀하셨다.

"어떻게 그런 생각을 했어? 요즘 젊은 엄마들 너도 나도 다 어린이집이며 유치원에 보내기 바쁜데 우리 딸 진짜 잘하고 있네."

그 날도 수화기 넘어 아버지는 말씀하셨다.

"선주야, 너 정말 잘한 거다. 우리 나원이, 나연이 아무데도 안보내고 너가 데리고 있으면서 같이 시간 보낸 거 정말로 진짜로 최고 잘한 일이다. 지금 뉴스보고 아빠 얼마나 화가 나던지! 아니 저 어린애들을 때릴 때가 어디 있다고 때린다니. 뭐 저런 어린이집 원장이 있나 참나. 역시 아이들은 엄마가 키우는 게 최고다. 그래서 우리 공주님들이 얼마나 예쁘게 잘 자랐니?"

뉴스에서 어린이집이나 유치원에서 일어나는 각종 사건사고를 다룰 때마다 아버지는 나에게 전화하셔서 같은 말씀을 하셨다. 아버지 속이 부글부글 끓으셨나보다. 교육자면 교육자로서의 윤리와 인품으로 아이들을 대해야 하는데 그렇지 못한 사람들 때문에 사명감을 갖고 아이들을 소중한 인격체로 대하는 교육자들까지 욕 먹이는 현실이 안타깝다.

친정엄마나 언니들조차 왜 아이들을 아무데도 보내지 않고 하루 종일 끼고 있냐고, 너무 끼고 있어도 사회성이 결여된다며 특히 내가 육아에 지치거나 힘들어할 때면 얼른 기관에 보내라고 조언하곤 했다. 하지만 아버지는 달랐다. 그때마다 나에게 기운 나는 말로 응원을 해주셨다. 언제나 내가 하는 육아방식을 믿어주시며, 지금껏 잘해왔고 현재도 잘하고 있으니 흔들리지 말고 내 뜻대로 하라는 아낌없는 응원을 보내주셨다. 그런 든든한 아버지가 계셔서 감사했다. 아버지 덕분에 흔들리지 않고 더욱 소신을 가질 수 있었다.

나 어릴 때부터 우리 아버지는 내게 그런 사람이었다. 내가 6학년 때였다. 나와 열세 살 터울인 큰언니는 내가 초등학교 6학년 때 결혼을 했다. 언니 결혼식에서 내가 피아노를 쳤는데 사람들 많은 결혼식장에서 피아노를 연주하려니 무척 떨리고 긴장 됐던 모양이다. 사회자 말이 다 끝나지도 않은 상태에서 신랑신부 퇴장을 위한 연주를 해버렸다. 이윽고 아직 연주할 때가 아님을 알아차리고 순간 바로 건반에서 손가락을 떼었다. 어찌나 창피하던지 쥐구멍이라도 있으면 숨고 싶은 그 찰나에 부모님자리에 앉아있던 아버지와 눈이 딱 마주쳤다. 아버지는 편안한 표정으로 나를 바라보시며 고개를 끄덕이셨다. 괜찮다고. 긴장하지 말고 편하게 치라는 눈빛을 보내주시는 듯 했다. 아버지의 미소에 나의 긴장감은 다소 풀어질 수 있었고, 다시 편안하게 연주할 수 있었다. 어릴 적 웃지 못 할 해프닝은 두고두고 재미있는 추억거리가 되었지만, 그때를 생각하면 고개를 끄덕이며 편안한 미소를 지어주신 아버지 표정이 여전히 생생하다. 그렇게 아버지는 묵묵히 나를 믿어주신 분이셨다.

어릴 때부터 아버지로부터 자주 듣던 말이 있다. 증자의 저서인 〈대학〉에 나오는 "수신제가치국평천하!" 항상 가정의 중요성을 강조하시며 가정은 사회와 국가의 뿌리이자 근본임을 늘 강조하셨다. 그러면서 가족구성원 각자가 자신의 위치에서 오버하지도 말고, 덜도 아닌 본분대로 살아야 그것이 사회와 국가에까지 좋은 영향을 미친다고 말씀하셨다. 아버지는 엄격한 분이었다. 어릴 땐 그런 아버지가 원망스럽기도 했다. 그러나 지금 생각해보면 아버지는 가정의 기강을 잡기 위해 우리에게 엄격한 것보다 본인 스스로에게 더욱더 엄격하셨다. 나는 아버지가 이른 새벽 회사 버스를 타시려고 출근하는 뒷모습을 보고 자랐다. 아무리 전날 회식이다 야근이다 늦게 귀가하시는 날이어도, 다음날 아침 일찍 같은 시간에 어김없이 일어나셔서는 반듯한 양복차림으로 갈아입고 가족들 위해 출근하셨던 아버지다. 그런 아버지는 아버지 위치에서 최선을 다해주셨다. 몸소 딸들의 본보기가 되고자 근면 성실하셨던 아버지. 언제나 부지런하시고 자신에게 엄격하셨던 아버지는, 사실 본인 스스로를 더 다그치며 사셨던 것이다. 나는 아버지를 보며 다시 깨닫는다. 자식 키우는 부모로서, 아버지가 늘 강조하셨던 수신제가치국평천하의 의미를 말이다. 그것이 과연 무엇일까 생각해보았다. 가족구성원 각자가 자신의 본분에 맞게 행하되 부모로서 아이들에게 엄격하게 한다는 것은, 결코 자식을 다그치고 엄하게 하는 것이 아니라 자식을 있는 그대도 믿어주고, 부모인 나 스스로를 매번 돌아보고 나 자신에게 엄격함을 지니고 살아가라는 의미가 아닐까?

아버지의 삶과 아버지의 모습을 통해 어릴 땐 깨닫지 못했던 아버지가 전하려고 했던 메시지를 자식을 낳아 육아를 하면서 깨닫게 된다.

결혼 전엔 나 자체를 믿고 기다려주시더니, 이제는 결혼 해 두 딸을 키우고 있는 내 육아방식을 믿어주시고, 지지해주시는 든든한 지원군이시다. 아버지는 내가 나원이, 나연이를 기관에 안보내고 직접 정성껏 키운 사실을 얼마나 자랑스럽게 여기시는지 모른다. 아버지 역시 부모가 자식의 거울이자 본보기라고 생각하시며, 최고의 선생님이라고 믿으시는 분이시다. 두 손녀딸이 이렇게 건강하고 똑똑하게 잘 자란 이유는 내가 직접 키워서라고 자주 말씀해주시는 우리 아버지. 아버지의 믿음과 격려가 없었더라면 지금의 내 모습으로 이 자리에 있을 수 있었을까?

막내딸하면 껌뻑 죽던 아버지가 이제는 손녀딸들 하면 껌뻑 넘어가신다. 아버지의 손녀딸들에 대한 사랑은 지극함이 이를 데 없다. 그것은 조건 없이 사랑하는 마음에서부터 시작된다. 마치 어릴 적 나를 아낌없이 믿어주시고 사랑하신 거처럼. 나 역시 아버지 뜻을 본받아 화목한 가정을 근본으로, 가정이 제대로 잘 굴러가고 나아가 사회와 국가에까지 좋은 영향을 미치기 위해 나 스스로를 매 순간 엄격하게 다스리며 본분에 맞게 잘 살아가고 싶다. 그러기 위해 지금 당장 나 자신을 어떻게 닦아 나가야 할까? 그것은 멀리 있는 것이 아니라 가까이에 있다. 아이들에게 항상 일관성 있게 행동하고 있는지, 어떤 상황에서도 아이들을 믿고 사랑하는 마음으로 대하고 있는지 돌아봐야겠다. 이것이 아이들의 엄마이자 본보기가 되는 어른으로서 내가 할 수 있는 최선의 길이 아닐까?

제4장

진짜 엄마가 되다

정서가 안정되고 편안하면
그 다음은 발로 육아한다

아이가 어릴 땐 아이의 정서안정에 노력을 기울여야 한다. 그러기 위해 아이 울음소리에 민감하게 반응하고, 즉각 상황을 살펴야한다. 특히 돌전의 아기들은 배가 고프거나 기저귀를 갈아야 하거나 자고 싶을 때마다 울음으로 자신들의 요구사항을 표현하기 때문이다. 엄마의 재빠른 반응에 아이 마음은 편안해져 정서가 안정될 수 있다.

또한 아이들은 자라면서 자신들의 요구사항이 점점 늘어나는데 그때 마다 엄마는 적절히 반응해 주어야 한다. 예를 들어 그림책을 읽어달라고 들고 오면 하던 일을 멈추고 아이를 무릎에 앉혀 책을 읽어주어야 하고, 놀이터에 나가자고 하면 망설이지 말고 신발 신고 나갈 준비부터 해야 한다. 또한 아이가 안아달라거나 업어달라고 했을 때 바로 들어줄수록, 아이는 엄마로부터 충분한 사랑을 받고 있을 뿐만 아니라 자신이 안전하게 보호받고 있다고 느끼게 된다. 이런 시간들이 쌓일수록 엄마에 대한 신뢰도 쌓일 뿐만 아니라 정서적인 안정을 느끼게 됨이 사실이다.

나도 사실 처음부터 나원이의 울음에 민감하게 반응했던 건 아니었다.

나원이가 생후 100일이 아직 안되었을 때였다. 나원이를 목욕시키려고 목욕물 받으러 욕실로 가기 전, 아기침대에 나원이를 잠깐 눕혀놓았다. 그런데 잠시 후 나원이가 울기 시작했다. 평소엔 잠을 깨도 엄마가 언제 자기랑 눈을 마주치나 조용히 기다리는 아이처럼 혼자서 손발을 움직이며 놀고 있을 정도로 잘 울지 않고 순한 아기였다. 아기욕조에 물을 받고 있던 나는 "엄마 금방 갈 거야~ 조금만 기다려줘~"하며 바로 방으로 뛰어 들어가지 않고, 계속 물의 온도를 맞추며 목욕물을 받고 있었다. 나원이는 울음을 그치기 대신 더욱 거세게 울기 시작했고, 결국 나는 예사롭지 않은 아이 울음소리에 안방으로 뛰어 들어갔다. 목이 터져라 울고 있는 나원이를 보자마자 경악할 수밖에 없었다.

내 눈을 의심할 정도로 나원이는 위험한 상황이었다. 아기침대에 눕혀놓았던 몸 상태가 거꾸로 돌아서 있었으며 머리가 아기침대와 어른침대를 붙여놓은 틈새에 끼어 있었다. 말랑말랑한 아기 머리가 쇠붙이로 이어붙인 딱딱한 나무재질에 끼었으니 얼마나 불편하고 아팠을까! 나원이의 울음소리가 예사롭지 않음을 느끼긴 했으나 속으로 '금방 안아 줄 텐데 엄마 조금만 기다려주지.'하며 평소와 달리 자지러지게 우는 나원이가 오히려 야속하게 느껴지기도 했었다. 방금 전까지만 해도 포근한 침구에 잘 눕혀놓고 욕실로 온 거라 나원이가 이렇게 위험하게 있을 줄은 상상도 못했다. 아무튼 너무 놀란 나머지 나원이를 안고 눈물을 쏟으며 "엄마가 미안해~ 우리 나원이 이렇게 되지도 모르고 엄마가 바로 달려오지 못해서 정말 미안해. 얼마나 놀랐을까? 얼른 안아줘야 되는데 엄마가 잘못 했어 아가.” 라며 아이와 나 스스로를 달랬다. 갓난아기의 울음소리를 대수롭지 않게 생각하고 빨리 달려오지 못했던 사실이 너무 미안해서 주체할 수 없을 정도로 눈물이 흘렸다.

숨이 넘어갈 듯 목청껏 울던 나원이는, 내 품에 안겨 내 목소리를 듣고 바로 안정을 찾은 듯 울음을 서서히 그쳤다. 진심어린 사과를 듣고 엄마를 이해해주기라도 한다는 듯 가빴던 호흡도 점점 편안해졌다. 그날은 두고 두고 나원이에게 참 미안했던 날이다. 이 사건을 계기로 나는 평소 잘 울지 않는 나원이가 울기라도 하면 무슨 일이 생겼구나싶어 재빠르게 달려갔다. 나원이는 워낙 잘 울지 않는 아이였기 때문에 조금만 칭얼거려도 살피게 되었다.

다른 사람들과 만나 이야기를 나누거나 집안일을 할 때도 아이들의 요구사항이 나에겐 항상 최우선이었다. 하루는 아이 예방접종을 맞추러 소아과를 찾았는데 소아과 의사가 하는 말이 아기가 정말 편안해 보인다며 “나원이는 감기도 잘 안 걸리죠?”라고 물어보았다. 그걸 어떻게 아시는지 궁금한 마음이었지만, 일단 그렇다고 대답 했다. 궁금해 하던 내 마음을 읽으셨는지, 소아과 선생님은 수많은 아이들을 봐와서 아이얼굴만 봐도 아이가 편안한지 정서적으로 안정된 상태에서 잘 자라는지 알 것 같다고 하셨다. 그 말을 듣자 그동안 아이 정서를 위해 노력했던 시간들이 결코 헛되지 않았구나, 생각되어 괜스레 마음이 뿌듯했다. 아이 얼굴표정이나 안색에도 부모로부터 정서적 안정감을 느끼며 잘 자라고 있는 것이 드러나는구나 싶기도 해서, 어린 시절의 정서적 편안함이 참 중요하다란 사실을 다시 실감했다.

　맑고 투명한 백지상태의 아이에게 어떠한 정보가 들어가서 심성이 만들어질 때까지 약 3년이 걸린다고 한다. 많은 육아서와 교육서에서도 공통적으로 말한다. 자아가 형성되는 이 시기만큼은 엄마의 사랑이 절대적으로 필요한 때이고, 심지어 엄마가 아이에게 얼마나 헌신적인 사랑을 쏟았느냐에 따라 아이의 인생이 결정 된다 해도 과언이 아니라고 말이다. 이러한 모든 것이 아이의 정서에 많은 영향을 끼친다.

　처음 아이를 낳았을 때만 해도 정서가 이렇게나 중요한지 몰랐었다. 아이를 키우면서 아이와 상호작용함에 따라 나원이의 반응을 통해 정서의 중요성을 자연스레 깨닫게 된 것이다. 아이를 살피고 관찰하다보니 무엇보다 아이의 정서가 안정적이어야 뭐든 받아들이려 하고, 편안하게 일상이 흘러가는 것을 느꼈다. 나원이가 신생아 때 잘 울지 않았던 것도 엄마와의 정서적 애착으로 인해 상호작용이 잘 이루어진 덕에 특별히 울 일이 없었던 것이다.

　만약 아이가 정서적으로 안정되지 않은 상태에서 엄마가 아이에게 어떠한 자극을 주려고 한다면 그것은 플라스틱 골조위에 집을 세우는 것과 같은 이치일 것이다. 어릴 적부터 정서의 기둥을 튼튼하게 세워놓아야 아이는 자라면서 어떤 환경에서든 어떤 자극이 들어와도 그것을 안정적으로 받아들일 준비가 되어있을 것이 분명하다. 나는 우리 아이들이 행복하게 잘 자라기 위해서는 무엇보다 정서적 안정이 중요하다는 것을 크게 인식했다. 많은 육아 전문가들이 말하는 생후 3년까지는 물론이거니와, 어린 시절 10년을 정서적 안정의 전부라고 생각하고 아이들과 잘 보내려고 노력했다.

엄마와 정서적 애착이 잘 형성되면, 아이는 유치원이나 초등학교를 입학할 시기에 불안한 마음 없이 엄마 곁을 잘 떨어져 있을 수 있다. 충분한 애착이 있으면 정서가 안정되어 분리도 자연스럽게 이루어질 수 있기 때문이다. 나원이 역시 7살에 한 학기만 보낸 유치원에서 누구보다 즐겁게 생활했으며 친구들도 잘 사귀고, 엄마와 떨어져 있는 거에 대한 어떠한 불안도 없었다. 나원이가 초등학교 입학 후 1학년 때는 등교할 때마다 학교 정문까지 데려다주었는데 아이를 들여보내고 집에 오려고 할 때마다 눈에 띄는 장면을 보게 되었다. 엄마, 아빠 옷자락을 잡고 매달리며 교실에 안 들어가겠다고 부모와 떨어지는 순간을 매우 힘들어하는 아이들을 본 것이다. 교문 앞에서 엄마, 아빠와 떨어지기 힘들어했던 아이들 중에는 나원이와 같은 반 친구도 있어 우연히 그 아이 엄마에게 그 이유를 들을 수 있었다. 자신의 딸을 유아시절 어린이집에 맡겨야 하는 상황이 생겼는데 너무 일찍 어린이집에서 생활하다보니 아이는 항상 불안한 마음을 떨쳐내지 못했었다고 한다. 보육교사의 관심을 받기 위해 아이는 항상 불안해했고, 자라면서도 엄마가 곁에 없을 때는 매 순간 자신의 곁에 친구가 있어야하고 친하게 노는 친구가 만약 다른 친구와 놀게 되면 그 상황을 받아들이는 것을 매우 힘들어한다고 했다.

아이들은 태어나서 생후 3년까지는 자신을 낳고 돌봐주는 주 양육자인 엄마와 친밀한 관계를 통해 정서가 발달한다. 그 기간에 주 양육자가 갑자기 바뀌거나 환경이 달라지면 아이는 불안해하는 증상이 생길 수 있다. 아이 입장에서 이런 불안 증세가 스트레스로 다가오게 되면 자라서도 분리불안 증세를 겪게 될 수 있다. 정서적 불안은 단순히 분리불안증세만 겪는 것이 아니라 학습에도 영향을 많이 끼친다, 그러므로 아이가 스트레스를 심하게 받지 않도록 주의를 각별히 기울여야 한다.

엄마와의 안정된 애착이 잘 형성되고, 어려서부터 정서가 안정된 아이들은 타인과의 관계 또한 잘 만들어 간다는 것을 직접 경험하기도 했다. 어린 시절의 정서적 안정과 불안정의 차이는 결코 글자하나에 불과한 작은 차이가 아니다. 아이가 점점 자라서는 아이의 독립심과 자신감 그리고 사회성에도 많은 영향을 끼친다는 사실을 아이들을 통해 갈수록 더 실감하는 중이다.

책 읽어주기의 힘

앞서 "잠자리 독서"에 대해 이야기 한 바 있지만, 책 읽어주기가 가진 힘만큼 강조해 이야기하지 않을 수 없다. 어린 시절, 아이에게 책 읽어주어 얻는 효과는 이루 말할 수 없이 크다. 우선 아이에게 가장 편안하고 친근한 엄마, 아빠의 목소리로 지속적으로 책을 읽어 주다보면 아이의 정서가 안정되고 한글도 자연스럽게 깨치게 된다. 특히 그림책은 아이들의 상상력을 자극하게 하여 많이 읽어줄수록 상상력 또한 길러지게 된다. 또 엄마가 읽어주는 책 내용을 잘 듣기 위해서는 집중력이 필요하므로 책을 읽어 주다보면 저절로 아이의 이해력과 집중력도 생기게 마련이다. 무엇보다 꾸준한 엄마, 아빠의 책 읽어주기 실천으로 아이는 자연스럽게 스스로 책 즐겨 읽는 아이로 자라게 될 거고, 결국 읽는 만큼 성장하게 될 것이다.

나원이 임신했을 때부터 배에 손을 얹고 아기에게 동화책을 읽어주곤 했었다. 엄마 목소리와 아빠 목소리로 번갈아가며 책을 읽어 줄 때마다 뱃속에 있던 나원이는 잘 듣고 있다는 신호를 보내는 듯 꿈틀대곤 했다. 그때마다 남편과 나는 아기가 듣고 있다고 믿고, 더 열심히 틈나는 대로 책을 읽어주었다. 나원이가 태어나고 돌전에는 그림만 있는 그림책을 보여주며 사물에 대해 이야기해 주거나 자연 관찰 책을 보여주며 동식물에 대해 말해주었다. 또한 한 줄짜리 동화책도 자주 읽어주었다. 나원이는 그때마다 누워서 발을 세게 차거나 주먹을 꽉 쥐며 방긋방긋 웃으면서 옹알이로 좋아함을 확실히 드러냈다. 책 읽어주는 나를 바라보는 나원이 눈은 별처럼 반짝거렸다.

나원이가 두세 살 때는 창작동화에 푸욱 빠져 같은 책을 읽고 또 읽어달라고 반복해 요구했다. 어느 날은 한참 놀다가도 좋아하는 책을 뽑아와 내 무릎에 앉아 읽어달라고 했다. 나와 남편은 나원이가 가져온 책을 무한반복하며 읽어주었다. 나원이는 같은 책의 내용을 수도 없이 들으면서도 매번 들을 때마다 새로워했고 즐거워했다. 들으면 들을수록 뭔가 더 깊이 있게 알아가는 눈치였다. 급기야 나원이는 자신이 어떤 행동을 할 때 그림책에서 본 사물이나 그림이 떠오르면, 그 책을 들고 와 자신의 상황과 똑같다며 좋아라했다. 반복해 같은 책을 읽어줄수록 전에는 발견하지 못했던 책의 귀퉁이에 작은 그림까지 발견해내며 점점 관찰력도 길러지는 듯 보였다. 아이들에게 똑같은 책을 여러 번 읽어준다는 의미는 그 책이 완전히 아이 것이 되어가는 과정이리라 생각 들었다. 왜 매일 이 책만 가져 오냐고 뭐라고 할 게 아니라 너무 많이 읽어서 지겨울 정도가 되더라도 아이들의 성장발달상 흔한 일이라고 여기고, 주구장창 읽어 주다보면 자연스럽게 다음 책으로 넘어간다는 사실을 잊지 말자.

나원이가 4살 때 둘째가 태어났다. 동생이 태어나자 나원이에게 온전히 쏟았던 시간들이 둘째를 돌보는 시간으로 분산되기 시작했다. 나원이는 어린이집에 다니지 않았으므로 엄마랑 동생이랑 24시간을 매일 함께 보내고 있었다. 그 시기 나원이는 자연관찰 책에 푸욱 빠져있었고 책장에서 자주 꺼내왔다. 나는 둘째를 수유하는 동안에도 나원이를 옆에 앉히고 책을 읽어주었다. 나원이가 식탁에서 밥을 먹는 동안에는 둘째를 업고 서성거리며 나원이에게 책을 읽어주었다. 나원이는 특히 그 시간을 즐겼는데, 밥 먹는 동안 엄마가 재미있는 책을 읽어주니 밥도 맛있게 먹었고, 읽어주는 책이 쌓일수록 나원이 밥그릇은 자연스럽게 비어져있었다. 어린 동생을 돌봐야하는 엄마의 상황을 알게 된 나원이는 상황이 어떻든 책에 몰입하고 집중하였으며 점차 그런 상황을 이해하고 잘 받아들이게 되었다.

남편도 책 읽어주기에 적극 동참했다. 내가 밤에 둘째를 수유하며 재우는 동안 나원이는 아빠랑 누워 아빠가 읽어주는 그림책에 몰입했다. 남편은 나원이가 좋아하는 자연관찰 책과 창작동화, 수학동화를 가리지 않고 읽어주었으며 성대모사까지 하면서 나원이 흥미를 유발했다. 사실 책은 낮이건 밤이건 언제 읽어줘도 좋지만, 특히 잠자리에서 읽어주게 되면 잠자는 동안 책의 내용이 장기기억장치로 들어갈 확률이 높다. 그래서인지 나원이, 나연이는 잠자리에서 읽어준 책의 내용이 꿈에 나왔다고 말한 적도 몇 번 있었다. 남편이 둘째를 수유하는 나를 대신해 밤마다 책을 읽어준 덕분에 나원이는 아빠와도 친밀한 정서적 유대감을 잘 형성해 나갈 수 있었다.

꾸준한 책 읽어주기 덕분에 나원이는 4살 후반부터 글자에 관심을 보이기 시작했다. 한글을 익히고 싶었던 나원이는 한글로 단어 쓰는 것에 재미를 붙여 자기가 써보고 맞는지 자주 물어보았다. 책 읽어주기만 했을 뿐인데 한글쓰기에 자연스럽게 관심을 보이는 나원이가 신기했다. 나원이는 이 시기 짧은 동화책을 드문드문 읽어나가기 시작했다. 다섯 살이 되니 나원이는 웬만한 글자는 다 읽을 수 있게 되었다. 점점 쓰기 실력도 늘어 낱말이 아닌 문장을 써냈다. 2살짜리 동생에게 나원이가 직접 그림책을 읽어주는 일도 생겼다. 한편 우리 부부는 여전했다. 나원이가 뽑아오는 책뿐만 아니라 나원이에게 읽어주고 싶은 동화책을 골라 꾸준히 읽어주었고, 잠자리 독서도 매일매일 이어갔다. 우리도 변함없었지만, 잠자리독서 빼놓는 날이면 책 읽을 수 없어 속상하다며 우는 나원이 때문에라도 독서는 빠질 수 없는 일과가 되었다. 나원이 하루습관으로 자리 잡은 덕분이었다.

여섯 살이 된 나원이에겐 새로운 변화가 생겼다. 바로 읽기독립. 읽기독립은 누가 읽어주지 않더라도 혼자서 잘 읽는 행위를 말한다. 그동안 나와 책 한 페이지씩 나눠서 읽기도 자주 했고, 나원이가 혼자서 볼만한 재미있고 읽기 쉬운 책을 여러 권 사준 덕에 가능한 일이었다. 읽기독립이 제대로 되면 자신이 충분히 읽을 수 있기 때문에 엄마나 아빠한테 책 읽어 달라는 말을 거의 하지 않는다. 물론 초등학교에 입학해도 아이에게 책 읽어주며 정서적인 교감을 꾸준히 나눈다면 더없이 좋다. 읽기독립이 되었다고 해도 읽기독립과 책 읽어주기를 별개의 문제로 생각하는 것이 맞다. 나 또한 나원이 1학년이던 시절 졸린 눈 비비며 잠 깨기 힘들어하는 모습을 보고, 나원이가 아침밥을 먹는 동안 곁에서 책을 읽어주었다. 그럼 어느새 나원이는 잠에서 천천히 깨어났고, 기분 좋은 마음으로 학교에 등교했다.

읽기 독립이 된 아이와 읽기독립이 되지 않은 아이의 차이는 꽤 크다. 학교에 입학하여 교과서로 공부를 할 때 읽기독립이 된 아이는 수월하게 수업에 집중하지만, 읽기독립이 이루어지지 않은 아이는 교과서에 실린 지문 길이만 보아도 주눅이 들 수 있다. 수업시작전이나 시간이 날 때마다 선생님이 책 읽을 시간을 주더라도 읽기독립이 제대로 되어있지 않은 아이들은 그 시간을 어영부영 흘려보내게 되기도 한다.

여기서 읽기독립을 위한 팁 하나를 말한다면,

한글의 낱글자와 통글자를 잘 읽을 수 있는 아이라면, 취학 전 아이가 읽기독립이 이루어지기 위해 글 밥이 적은 읽기 쉬운 책을 여러 권 골라 아이에게 읽도록 해볼 것을 권한다. 포인트는 아이가 읽으면서도 쉽다고 느낄 정도의 만만한 책이어야 한다는 것! 글밥이 많은 책으로는 읽기독립이 이루어지기 어렵다. 또한 아이가 읽으면서 글자를 틀리더라도 지적하는 일은 절대 삼가야한다. 스스로 읽을 수 있는 책이 늘어날수록 아이는 자신감을 얻어, 읽기독립이 되는 그날이 가까워 질 것이다. 단순히 한글을 아는 것과 읽기독립이 되어 스스로 책을 잘 읽는 것은 큰 차이가 있으므로 어려서부터 아이에게 책을 자주 읽어주어 읽기독립의 꽃을 피우도록 도와주길 바란다.

6살에 읽기독립이 된 나원이는 7살에는 읽기독립의 꽃을 피웠다. 그때부터 나는 온전히 둘째 나연이에게 책 읽어주기를 집중할 수 있는 영광을 누렸다. 어릴 적 두 아이에게 꾸준히 책을 읽어준 덕분에 아이들은 어디를 가도 꼭 책을 챙기는 아이들이 되었다. 이런 습관들은 하루아침에 이루어진 게 결코 아니다. 어릴 적부터 꾸준히 한 부모의 책 읽어주기 힘이다. 어린 자녀를 키우는 부모라면 아이가 책 읽기를 삶의 일부로 삼을 수 있도록 틈틈이 아이에게 책을 읽어주기를 진심으로 권한다.

놀이의 놀라운 힘

아이들에게 놀이는 그 무엇보다 중요하다. 아이들은 놀이를 통해 세상을 배우고, 놀이를 하면서 생각을 창조한다. 놀기 위해 세상에 온다는 말도 있을 정도다.

엄마나 아빠가 아이와 놀아줄 때는 아이 스스로 놀이를 주도할 수 있도록 해야 한다. 자기주도습관을 만들어주고, 탐색하는 힘도 길러주기 때문이다. 이렇게 하면 아이는 놀이다운 놀이를 즐길 수 있으며 창의력과 탐구력을 향상시켜 나아갈 수 있다.

예전에 어떤 다큐 프로그램에서 사람의 뇌에 대해 나오는 것을 보았다. 아이는 태어나면서 1층에 생명의 뇌가 완성되어 태어난다고 한다. 2층은 감정과 본능의 뇌로 유아기 때 제일 많이 발달하며 3층은 이성의 뇌로 만3세가 넘어서부터 크게 발달한다고 한다. 중요한 것은 이 모든 것이 놀이를 통해 발달한다는 점이었다. 또한 놀이를 반복할수록 뇌는 더 촘촘히 발달한다는 사실도 알게 되었다. 뇌 발달에도 놀이는 매우 중요하다는 것을 새삼 확신할 수 있었다.

　나원이, 나연이는 어려서부터 정말 많이 놀았다. 놀면서도 다양한 놀이를 만들어 낼 만큼 잘 놀아 놀이대장이란 별명이 붙기도 했던 아이들이다. 초등학교 입학 전에는 아침밥 먹자마자 밖으로 나갔다. 기관에 다니지 않은 아이들이니 아침부터 자유롭게 놀 수 있었다. 그렇게 동네 놀이터에서 몇 시간 놀다가 공원으로 가서 모래놀이도 하고, 정글짐에서 술래잡기도 하며 뛰어놀았다. 아이들과 부대껴 뛰놀고 있으면 가끔 어린 시절로 돌아간 듯 착각도 들었다. 우리 세 모녀 노는 게 재밌어 보였는지 동네 아이들이 몇몇 몰려와 같이 놀아도 되냐고 묻기도 했다. 그럼 놀이는 처음부터 다시 시작되는데, 아이들은 지치지 않는 눈치였다. 아이들 머리카락이 착 달라붙을 정도로 땀범벅이 되어있어도, 집에 가자고 하면 "조금만 더!"를 외쳤다. 겨우 아이들을 설득해 집으로 오면 어느새 거실엔 아름다운 풍경이 펼쳐있었다. 나원이는 파브르 곤충기를 쌓아놓고 읽고 있었고, 언니 옆에 나연이도 책에 푹 빠져있었다. 놀이의 끝에는 매번 아이들 곁에 책이 있었고 오랫동안 읽었다. 그때마다 아이들을 신기하게 쳐다보며 신체적인 발산욕구가 실컷 충분히 이루어지고 나면 지능적 뇌를 채우고 싶은 욕구가 있는 건지 궁금해지기도 했었다.

　나원이 5학년 여름방학 때였다. 계획표를 짰다며 나에게 보여주는데 놀기가 5시간이나 들어가 있는 것을 보고 웃음이 절로 나왔다. 5학년쯤 되면 보통 방학동안 학원 다니느라 더 정신없이 바쁘게 지내는데 말이다. 앞서 언급한 다큐 프로그램에서도 이를 증명해주고 있었다. 초등학교 아이들 하루 평균 여가시간을 조사한 결과를 우연히 봤는데 1시간도 채 안 되는 49분이었고, 그에 반해 학습시간은 하루 평균 6시간 49분이었다. 그러니 학원 다니지 않는 나원이의 경우는 얼마나 많은 시간을 자유롭게 보낼 수 있겠는가! 여름방학 계획표에 넣은 "놀기 5시간" 이 한편 이해가기도 했다. 그리고 이런 나원이를 걱정하지 않는 건, 자유시간이 많아야 여유로운 시간 속에서 놀 궁리를 하고, 자기 주도적으로 놀이를 이끌어 나갈 수 있다고 믿기 때문이다. 자기주도적인 힘의 중요성은 놀이에도 예외는 아니다.

아이들이 세상에서 제일 좋아하는 건 즐겁게 놀아주는 엄마 아빠다. 하루는 내가 공부하는 모임에서 글을 써 발표하는 과제가 있어 남편과 아이들을 주말에 밖으로 내보냈다. 주말이면 아이들은 아빠와 자전거를 타고 한강까지 가는 일도 자주 있는데, 그날은 삽을 들고 나가기에 밖에서 모래놀이 하나보다 생각하고 말았더랬다. 과제 준비하느라 분주하던 몇 시간이 지나고, 올 때가 지난 남편과 아이들이 깜깜 무소식이었다. 저녁 먹을 시간이 거의 다 되어서야 남편이 영상통화를 걸어왔는데, 화면을 보니 나원이, 나연이 두 녀석이 삽을 들고 공원에 있는 잡초를 모두 뽑아 한군데로 모아놓고 있었다. 이제 집에 가자고 몇 번이나 말을 했는데 나원이가 재미있다며 계속 해야 한다고, 3시간이 넘도록 앉아 공원에 난 잡초를 다 뽑고 있다고 했다. 아빠도 같이 하자고 해서 처음에는 같이 하다, 한 두 시간 지나도 아이들이 집에 갈 기색이 없자 남편은 지친 모양이었다. 오죽하면 공원 관리하시는 분이 지나가며 "우리가 할 일을 아이들이 도와주네요." 하면서 웃으셨단다. 아이들은 어떻게 시간가는 줄 모르고 몇 시간째 잡초를 뽑으며 즐거워하고 몰입할 수 있었을까? 나중에 아이들에게 자세히 들을 수 있었다. 누가 시켜서 한 행위가 아니라 자신들이 하고 싶었고, 어떠한 규칙도 없이 자유롭게 하다 보니 재미있었고, 나름 즐거웠다고 했다. 잡초를 뽑으며 개미집도 발견하게 되었고, 먹이 나르는 개미들 모습도 꽤 흥미로웠다고 덧붙였다.

육아서를 숱하게 읽으며 알게 된 건, 아이들이 놀이를 그토록 즐거워했던 이유였다. 아이들은 진짜 놀이를 했다. 자신들이 주체가 되어 주도적으로 놀았고, 또한 놀이를 통해 즐거움을 얻었으며 무엇을 얻고자 하는 목적이 없이 놀았다. 그리고 그때 비로소 제대로 된 진짜 놀이를 했다고 느낀다는 것이다. 주도적으로 노는 것이 아이에게 좋은 점이라면, 자기주도 습관을 만들어주고, 탐색하는 힘을 길러준다는 것이다. 이렇게 하면 아이는 놀이다운 놀이를 즐길 수 있으며, 창의력과 탐구력을 향상시킬 수 있다.

코로나19가 우리가족의 일상을 바꾼 또 하나의 변화가 있다면 그것은 밤마다 아빠와 이루어지는 놀이이다. 밖으로 나갈 수 없는 코로나19 초반, 아이들은 밖에 나가 놀 수 없을 때마다 안방에서 조용히 눈 가리고 술래잡기를 하자며 아빠를 졸랐다. 실컷 놀아야 할 아이들이 밖에 나가 뛰어놀지도 못하니 안쓰러운 마음에 남편은 기꺼이 응했다. 아이들은 남편이 퇴근해 오자마자 말했다.

"오늘은 눈 가리고 술래잡기 언제 할까?"

"오늘은 몇 분할까?"

"오늘은 아빠 피곤해보이지 않으니 우리 자기 전까지 계속 하자!"

어느 날부터는 아침에 눈뜨자마자 아빠와 술래잡기할 생각으로 하루 종일 설레어 했다. 낮에는 엄마와 하자고 해서 나 역시 여러 번 술래가 되어 주었다. (이 놀이는 특히 주의해야 할 부분이 있다. 아무리 조용히 눈 가리고 술래잡기를 한다 해도 아이들은 놀이에 몰입하다보면 흥분하여 갑자기 발이 빨라지거나 몸의 움직임이 거세질 수 있다. 그럴 경우 층간소음을 유발할 수 있으니 특별히 유의해야 한다.)

아이들이 아빠와 하는 술래잡기에 하루 종일 설레어 하던 건, 남편이 아이들과 놀아줄 때 너무 웃기고 재미있게 놀아준 덕분이었다. 아이들 덕분에 남편의 몸 개그가 늘고 있다. 그런 아빠를 보더니 아이들은 자기들도 웃음 주고 싶었는지, 주말에 온 가족이 눈 가리고 술래잡기를 하는 동안 각자 술래가 되었을 때 얼마나 웃기게 할 수 있는지 경쟁이 붙기도 했다. 아이들은 술래에게 들킬까 싶어 깔깔 터지는 웃음 참느라 숨넘어갈 지경이었다.

이렇게 놀이는 아이를 빙그레 웃게 만들고, 키득키득 웃음 새어나오게 만든다. 깔깔 터지는 웃음이 나오기도 하고, 어떤 땐 진한 감동을 받을 때도 있다. 그러며 서로에게 유대감을 느낀다. 밤마다 아이들과 했던 눈 가리고 술래잡기를 통해 남편은 아이들과의 관계를 더욱더 돈독하게 할 수 있었다. 물론 우리 일상을 밤마다 술래잡기하는 것으로 온전히 바꿔놓았지만 말이다. 놀이야말로 부모와 자녀가 연결될 수 있는 가장 중요한 방법이라고 믿는다. 노는 동안 일어나는 눈 맞춤, 신체적인 접촉, 함께 깔깔 대던 시간으로 인해 아이들은 엄마, 아빠와 연결되어 있다고 느낄 것이다. 그런 아이들이야말로 더 바랄 것 없이 건강하고 행복하게 또한 기발하며 협조적인 아이로 자랄 수 있다.

아이들에게 놀이는 본능이고 일상이다. 어릴수록 놀이가 생활의 중심이 되어야 하며, 여러 자유 놀이를 통해 창조성도 싹틔워야 한다. 세상의 모든 엄마 아빠가 놀이를 결코 노동이라 생각하기 대신 놀이의 깊은 의미에 대해 다시 생각해보았으면 좋겠다. 부모들 스스로가 놀이를 즐거워하는 마음을 갖게 된다면 우리 아이들이 놀이에 이토록 열중하는 마음을 충분히 이해하게 될 것이다.

부모의 믿음과 기다림의 힘

　부모가 아이를 기다려주고 믿어주는 힘은 상상하기 힘든만큼 큰 효과를 발휘한다. 그것이야말로 아이 마음을 편안하고 여유롭게 만들며, 특히 부모가 자신을 믿어준다는 확신을 갖게 될 때, 아이들은 충분히 자기역량을 발휘하며 자라나게 된다. 또한 인내심을 갖고 기다려주는 태도는 아이를 천천히 변화시키고 성장시킨다. 아이를 믿고 따뜻한 시선으로 바라본다면 아이의 내면 또한 단단하게 다져진다. 나아가 아이의 자존감도 높아지는데 기여하게 된다. 부모의 깊은 믿음과 배려 깊은 기다림은 아이에겐 세상에 둘도 없는 선물과도 같다.

　그러나 대부분의 부모는 불안한 마음에 아이를 믿고 기다려주기 보다는 좋은 성과나 결과를 섣불리 바라고, 급한 마음에 다그치거나 재촉하며 몰아붙이기까지 한다. 나 역시 아이를 믿고 기다려줘야 한다는 걸 잘 알면서도 인내심 갖기 어려운 적도 많았고, 내 욕심으로 인해 급하게 서두르다가 아이 마음을 다치게 한 적도 많았다. 두 딸을 키우며 아이를 믿어주고, 기다려주는 것이야말로 아이가 잘 자라는데 반드시 필요한 토양과 같은 거라고 깨닫기 전까지 말이다.

　나원이가 4살 때 있었던 일이다. 둘째 나연이가 태어나자 나원이와 놀아주는 시간이 확실히 줄었다. 나원이가 느끼는 엄마에 대한 서운한 마음을 달래주고 싶어 동네에 있는 체육관을 찾았다. 마침 어린이 발레 교실이 있어서 수업을 등록하기에 이르렀다. 선물로 받아놓은 발레복입고 발레 배워보고 싶다며 나원이는 설레 했다. 나원이는 어린 나이임에도 곧잘 따라하며 발레 하는 시간을 매우 즐거워했다.
　엄마, 아빠를 초대하여 그동안 아이들이 배운 몇 가지 발레동작을 발표하는 시간이 있었다. 수업 때마다 즐거워하고 곧잘 따라하는 나원이 모습을 종종 봐왔기에 잔뜩 기대하고 남편과 체육관을 찾았다. 수업이 시작되고 나원이를 바라보니 엄청 긴장한 모습이었다. 이미 선생님은 동작이 시작되었고, 나원이 주변 아이들도 선생님을 따라 하나씩 동작을 취하는데, 이런!! 나원이만 꽁꽁 언 얼음동상처럼 움직이지 않고 있었다. 남편도 기대에 찬 눈빛으로 나원이를 바라보고 있었고, 나 역시 일주일에 두 번 꼬박꼬박 열심히 데리고 다닌 것에 대한 기대치가 있었다. 선생님은 동작을 이어 진행하다가 전혀 움직이지 않고 있는 나원이 곁으로 다가와서 몇 마디를 건네셨다. 나원이는 우리 쪽을 바라보며 굉장히 부담스러운 표정을 지었다. 우리가 쳐다봐서 아이가 부담스러워 하는 거 같아, 잠깐 자리를 피해주자고 남편에게 말했다. 우리 모습을 아이에게 보이지 않게 했다. 그러자 나원이는 조금씩 움직이기 시작했다. 거의 끝날 때가 되어서야 나원이는 조금씩 아주 조금씩 몸을 움직이며 선생님을 따라했다. 엄마아빠의 기대가 나원이에게 꽤 부담이었던 모양이다. 발레수업이 끝나고 우리는 아이에게 다가가 꼬옥 안아주었다, 처음에는 비록 움직이지 않았지만 나중에 선생님을 잘 따라한 나원이의 행동을 칭찬해주었다. 아직 네 살인 어린 아이가 단 한 번도 겪어보지 못한 상황이고, 많은 사람들의 시선이 얼마나 낯설고 부담스러웠으면 평소에 잘 하던 동작도 따라하지 않고 얼어붙은 자세였을까, 십분 이해가 되었다. 발레를 배운지 얼마 되지 않은 상태에서 발표하게 된 일이 어린 나원이를 크게 당황하게 만들었을 텐데, 그런 나원이 마음은 알아주지도 않고, 당연히 무조건 잘 할 것이라고만 기대한 내가 부끄럽기까지 했다. 이 일을 계기로 아직은 나원이가 많은 사람들의 시선을 감당할 나이가 아니구나 판단하고, 되도록 그런 자리를 만들지 않았다. 나원이가 더 자라서 자신감이 생겨, 남들 앞에서도 당당하게 설 수 있는 시기가 분명히 올 것이라 믿고, 천천히 기다려주기로 했다.

나원이가 초등학교에 입학 해 1학년 때 일이다. 체육과목이 따로 있진 않았는데 태권무 배우는 수업이 있었다. 입학 전부터 워낙 뛰어놀았던 덕에 운동신경도 꽤 발달한 상태였고, 매우 활동적이어서 특히 태권무 시간을 즐거워했다. 어느 날 태권무 시간에 1학년 전체 아이들 중 동작이 가장 크고 잘 따라하는 남학생1명, 여학생1명을 무대에 세우겠다고 선생님이 말씀 하셨단다. 그런데 무대에 오른 여학생 대표가 나원이였다고 한다. 나원이는 선생님이 자기를 불러서 깜짝 놀랐다고 했다. 그래서 무대에 올라가 잘 했냐고 물으니 당연히 잘했다고 자신 있게 대답했다. 얼마 후에 담임선생님이 영상을 보내주었는데, 남편과 영상을 보며 무대에서 너무나 자신감 있게 동작을 취하는 나원이의 변화된 모습에 크게 대견스럽고 감격스러웠다.

사람들 앞에 나서는 것에 전혀 두려움 없이 당당하고 적극적인 자세로 임하는 나원이 모습에 그동안 서두르지 않고, 천천히 기다려준 보람을 느꼈다. 낯설어 부끄러워하고 자신을 드러내고 표현하는 일에 서툴렀던 4살 때 나원이 모습은 온데간데없이 사라져 있었다. 이런 날이 올 것이라는 믿음이 있었다. 우리 딸이 참 자랑스러웠다.

나원이는 학년이 올라갈수록 자신을 드러내고 표현하는 일에 점점 더 자신감이 생기는 듯 했다. 2학년이 되자 1학년 때보다 한 살 더 자랐다고 학부모 참관수업에서 눈에 띄게 적극적인 태도로 열심히 임하는 모습을 보여주어 기특하고 대견하기만 했다. 4학년 때는 학예회에서 친구들과 팀을 이루어 강당 무대 위에서 아이돌 노래에 맞춰 멋지게 춤을 추기도 하고, 학급 회장선거에 나가 자신의 출마의사와 공약을 발표하고 당당히 회장에 당선도 되었다.

기다림과 믿어줌의 효과를 톡톡히 보여준 일화는 나연이에게도 있었다. 나연이 1학년 때 피아노 콩쿠르에 나가 입상을 한 경험이다. 나연이 8살 때 피아노학원 선생님이 나연이에게 콩쿠르에 나가보는 게 어떻겠냐고 했다. 피아노학원 1학년 아이들 중에서 진도가 제일 빠르다는 것이 이유였다. 콩쿠르에 나가보는 것도 물론 아이에겐 좋은 경험이 될 것이다. 그러나 한편으로는 연습량이 어마어마하게 많아야 할 테니 실컷 놀기 대신 연습에 매진해야 할 나연이가 괜히 안쓰럽기도 했다. 무엇보다 나연이 생각이 가장 중요할 것 같아 아이마음을 먼저 물어보았다. 나연이 반응이 의외였다. 나연이는 콩쿠르에 나가겠다며, 앞으로 몇 개월 동안 열심히 연습해 보겠다고 했다.

1학년 아이가 콩쿠르에 나가기 위해 해야 할 연습량은 생각보다 많았다. 나연이는 하루에 3시간이 넘도록 연습하고 돌아왔다. 어떤 날은 4시간 가까이 연습이 이어졌다. 지쳐 보이는 나연이가 엄마로서 안쓰러웠고, 괜히 허락했나 후회가 되기도 했다. 당시 학교 끝나면 놀이터로 뛰어가 그네부터 타던 나연이었는데, 피아노 대회 준비 때문에 어둑어둑 해져서야 그네 타는 나연이 모습에 괜스레 짠하기만 했다. 집에서도 틈만 나면 피아노 연습을 했다. 신기했던 건 나연이가 너무 피곤해보여 괜찮은지 물었더니, 조금 힘들지만 그렇게 많이 힘들진 않다며 괜찮다고 하는 것이었다. 그 말에 나연이가 더없이 대견했다. 콩쿠르 날짜가 다가올수록 나연이는 주말에도 쉬지 않고 연습해 남편이 혀를 찰 정도였다. 어려서부터 피아노 치는 것을 좋아하고 즐겨하던 나연이었지만, 스스로 힘든 것을 이겨내고 연습을 할 줄이야 기대도 못했다. 놀라웠다. 연습하는 나연이 보며 내가 했던 것은, 나연이가 잘 해낼 것이란 믿음으로 지켜봐 준 것뿐이었다. 편안하게 연습할 수 있도록 부담주지 말고 따뜻한 시선으로 바라봐주기만 하자고 남편하고 약속한 것도 그래서였다.

드디어 콩쿠르 당일이 되었다. 나연이는 긴장한 듯 보였지만 참가하는 것에 큰 의미를 두자고, 좋은 경험이 될 것이라는 말과 함께 가벼운 발걸음으로 대회장에 도착했다. 나는 나연이를 꼬옥 안아주며

"나연아~ 편안한 마음으로 쳐~ 다 치고 엄마랑 만나자. 엄마는 의자에

앉아서 기다릴게. 잘 다녀와~"하며 아이를 무대 뒤로 들여보냈다. 아이에게는 편안하게 대했지만 마음은 나도 모르게 긴장되는 순간이었다.

나연이 차례가 되고, 나연이는 무대 중앙으로 천천히 걸어 나와 피아노 의자에 앉았다. 드디어 곡이 시작되었다. 나연이는 처음부터 떨지 않고 안정감 있게 잘 쳐주었다. 관중석에 앉아 나연이를 바라보는데 대견하고 기특하여 눈을 뗄 수가 없었다. 곡이 끝났다. 안도의 한숨이 절로 나왔다. 무대에서 내려온 나연이를 안아주며 너무너무 잘했다고 크게 칭찬해 주었다. 그동안 고생 많았다고, 이제 실컷 그네타자고 말했다. 그날 다른 일정이 있어 나연이 연주가 끝나고 가려고 하는데, 오 마이 갓! 나연이가 입상자 대상에 불렸다. 특별상이었다. 그동안 연습하느라 고생한 나연이에게 하늘이 내려준 선물 같았다. 나연이는 1학년 대표로 무대에 올라 트로피를 받고, 사진을 찍었다. 참가하는데 의미를 두었는데 덤으로 생각지도 못한 상까지 받으니 기쁨이 이루 말할 수가 없었다. 이일은 나연이에게도 최선을 다해 노력하는 과정을 거치면 좋은 결과까지 얻을 수 있다는 걸 알게 해준 값진 경험이었고, 자신감을 얻는 데에도 큰 도움을 주었다.

아이가 잘 해낼 것이란 부모의 믿음이 아이의 잘하고 싶은 욕구를 싹 트게 한 일이었다. 잘하려면 연습량이 분명히 많아야하고, 그러려면 힘든 부분도 이겨 내야한다는 것을 어린아이여도 알게 된 계기였다. 덤으로 모든 일이든 좋은 결과가 따르기 위해서는 그만큼의 충분한 노력이 뒷받침되어야한다는 사실을 경험을 통해 알게 되었으니 나연이에겐 소중한 추억이 될 것이라 믿는다.

건강한 자부심

아이들에게 건강한 자부심을 갖게 하기 위해서는 부모가 아이의 어릴 때부터 함께 하는 시간을 많이 가져야 한다. 아이와 일대일 시간을 갖고 아이의 재능이나 관심 분야를 잘 관찰하여 격려하고 응원해주면 아이는 자신이 사랑받고 있으며 가치 있는 존재로 느끼게 된다.

부모가 아이들과 일대일 시간을 가질 기회는 수없이 많지만, 특히 함께 집안일하며 보내는 시간의 교육적 효과는 생각 이상으로 크다. 어린아이 일수록 일상생활 자체가 아이에게 가장 영향력이 큰 교육환경이기 때문이다. 나는 두 딸이 아주 어릴 때부터 집안일을 돕도록 했다. 아이들은 엄마를 도우려는 마음에 서너 살 때부터 설거지를 하고 싶어 했다. 그때마다 나는 아이가 완벽하기를 바라는 마음을 버리고, 시간이 오래 걸리거나 내 손으로 다시 해야 하는 번거로움이 있더라도 싹 잊기로 했다. 대신 아이가 재미있어하는 그 마음과 엄마를 도와줌으로써 갖는 자부심, 뿌듯해하는 마음을 알아주는 것에만 온통 집중했다. 아이에게 무엇인가를 더 자주 하게 하면 할수록 아이는 그 능력을 그만큼 더 빨리 갖추고 익히게 된다. 어른들 역시 새로운 일에는 시간과 연습이 필요한 법인데 하물며 어린 아이들은 오죽하겠는가!

나원이, 나연이는 어릴 때부터 주방에서 하는 설거지를 놀이로 받아들였다. 점점 손놀림이 여물어가는 게 느껴졌고, 자신들이 엄마를 도와 무언가를 한다는 자부심에 얼굴엔 미소가 가득했고, 세제거품이 퐁퐁 올라올 때마다 비눗방울 놀이처럼 즐거워했다. 여물지 않은 고사리 같은 작은 손으로 그릇들을 닦고 헹구는 모습이 너무 귀엽기도 하고 한편으론 대견하기도 했다. 아이들이 설거지를 다 마쳤을 때는 엄마를 도와줘서 고맙다는 말을 아끼지 않았고, 그릇들이 반짝반짝 빛난다는 칭찬도 곁들였다. 물론 아이들이 설거지를 도와주고 나면 바닥은 물로 흥건해있었고, 올려놓은 그릇도 정리정돈이 안되어 어수선했지만, 아이들 표정에서 느껴지는 강한 자부심에 오히려 엄마로서 뿌듯하게 다가왔다.

어릴 적부터 놀이삼아 훈련한 설거지가, 이제는 아이들 살아가는데 반드시 해야 할 몫으로 자리 잡았다. 엄마공부로 바쁜 나를 대신해 나원이는 설거지를, 나연이는 싱크대 닦는 것을 여전히 돕고 있다.
아이들과 함께 할 수 있는 집안일은 설거지뿐만이 아니다. 아이들에게 건강한 자부심을 느끼게 해줄만한 집안일에는 화분에 물주기, 놀고 난 장난감들 정리하기, 청소와 빨래개기, 자고난 이부자리 개기, 요리와 밥상

차리기, 신발정리 등 다양하다.

남편은 주말에 대청소를 할 때마다 신나는 음악을 틀어놓고 청소를 시작한다. 그럼 아이들은 음악에 맞춰 몸을 흔들다가 어느새 손에 대걸레를 쥐고 바닥을 닦고 있다. 남편은 흥나는 음악을 틀어줌으로써 아이들이 즐거운 마음으로 집안일에 참여하도록 유도했는데, 덕분에 아이들은 대청소를 음악에 맞춰 춤추면서 하는 신나고 즐거운 놀이로 여기게 되었다.

우리 집은 식사할 때마다 각자 할 일이 정해져 있다. 물론 돌아가면서 할 때도 있지만 나는 대부분 음식을 준비하고 아이들은 수저를 식탁에 올려놓는 일, 물컵에 물을 따라 담는 일, 다 먹고 난 뒤에는 반찬통을 닫아 냉장고에 넣는 일, 식탁을 깨끗하게 닦는 일 등, 각자 자기 몫이 있다. 아이들이 어려서부터 엄마를 돕도록 한 것은 맞지만 연습과 훈련이 필요했다. 집안일은 아이들에게 다른 사람의 요구를 이해하고, 배려하는 공감 능력도 길러주는데 큰 역할을 한다. 가족 구성원 서로가 집안일을 분담해서 해야 하는 것이란 인식을 아이들에게 어릴 때부터 심어주었다.

나원이, 나연이는 요리하는 것도 재미있어하고 즐거워해서 자주 돕는다. 나원이는 내가 요리할 때마다 옆에서 적어놓은 요리수첩까지 있다. 요리하는 것을 즐거워하다보니 상세하고 꼼꼼하게 적어 놓았다. 첫 장을 넘기니 나원이가 쓴 '재미있는 요리'라는 글귀가 눈에 띈다. 올 초 결혼기념일에는 아이들이 엄마 아빠를 위해 계란 후라이, 두부부침, 호박부침, 김치볶음 등 네 가지 반찬을 만들어 아침상을 차려주었다. 꿀맛이었다.

나연이는 어릴 적 엄마 직업은 요리사라고 할 만큼 내가 요리하는 것 자체를 근사하게 생각해 주었다. 요리를 할 때마다 내 옆에 와서 채소 손질을 도와주었는데 나연이에게 야채손질은 엄마와 도란도란 얘기 나누며 노는 놀이나 다름없었다. 어려서부터 훈련한 덕분에 당근이나 감자, 오이, 양파 등 채소껍질은 아주 깔끔하고 확실하게 손질한다.

엄마가 요리를 즐겁게 여기니 아이들도 그 즐거움을 참여하고 싶어 했던 것 같다. 아이들은 자신이 사랑하는 부모가 관심 있어 하고 즐거워하는 것이라면 더욱 함께 하고 싶어 한다. 아직 어려서 서툴고 실수가 많아 보여도 얼마든지 집안일에 참여할 수 있다. 아이들에게 자신이 능력 있고, 가치 있는 존재임을 느낄 수 있는 기회를 일상에서 많이 제공해 준다면 그런 경험들을 통해서 얻는 작은 성취감과 이로부터 비롯되는 소소한 재미를 느끼며 비로소 자신에 대한 가치와 자긍심을 갖게 될 것이다.

어릴 때부터 어른을 도와 집안일하며 자란 아이일수록 집안일을 전혀 하지 않고 자란 아이들에 비해 책임감과 통찰력, 그리고 자신감과 자부심이 높다는 연구결과도 있다. 이 같은 사실을 참고해 일상생활 속에서 반복되는 집안일로 아이들과 함께 시간을 보내보는 건 어떨까. 어릴 때는 놀이로 시작한 집안일이, 아이의 손이 점점 암팡져가면서 엄마보다 더 야무지게 해내는 아이의 모습도 기대해보시라. 그 시간을 통해 아이들은 자연스럽게 생활의 리듬을 익히고 배워나갈 수 있을 테니까 말이다.

엄마라는 이름으로

나는 언니들이 네 명이나 있는 딸 부잣집의 막내로 태어났다. 나와 큰언니는 열 세 살의 나이차이가 나는데, 새삼 실감하는 나이 차이는 내가 초등학교 6학년 때 큰언니가 결혼을 했다는 것이다.

큰언니는 내가 중학교 때 아기를 낳아 엄마가 되었고, 나는 처음으로 이모라는 호칭을 얻었다. 그땐 언니가 누군가의 엄마라는 사실이 신기하기만 했다. 조카를 보러 언니네 집에 자주 놀러가곤 했었다. 처음으로 신생아를 안아보고 기저귀도 갈아주고, 우유도 먹여주던 경험은 중학생이던 학창시절에 나에겐 꽤나 신선하고 색다른 경험이었다. 20대 때는 이미 조카가 다섯 명이나 있었다. 평소 길가다가 아기들만 보면 발길을 멈출 정도로 어린 아기들을 마냥 예뻐하던 나였기에 조카가 한명씩 태어 날 때마다 그보다 더 큰 축복이 어디 있을까하고 더없이 행복해하던 나였다. 나 또한 젊은 막내 이모로 불리며 조카들 사랑을 한 몸에 받았다. 마냥 예뻐하며 자주 놀아주었으니, 어쩌면 인기는 당연한 일이었을 거다. 고맙게도 조카들과는 사촌누나나 사촌언니처럼 편하게 잘 지냈다.

조카들을 그렇게 예뻐하며 지내던 내가 20대 후반이 되어 사랑하는 남자친구(지금의 남편)와 긴 연애를 끝내고 결혼을 했다. 그리고 1년 8개월이 지나 첫째 딸 나원이가 태어났다. 내 아이를 돌보는 시간은 조카들과 놀아줄 때와는 또 다른 감정을 낳았다. 조카들을 통해 아기의 귀엽고 사랑스런 모습은 익히 알고 있었지만, 내 딸이 태어났을 때는 정말 세상을 다 가진 사람처럼 충만했다. 그렇게 나원이를 출산 한 뒤, 나에게도 내 이름 외에 "엄마"라는 호칭이 새로 생겼다.

앞에서도 이야기했지만 나원이 6살. 나연이가 3살이 되자마자 나는 생각지 못한 사고를 겪었다. 미끄러져 넘어지면서 왼쪽 손목이 골절되는 아찔한 경험 말이다. 당시 구급차에 실려 가며 맞은편 앉아 있던 눈물, 콧물 범벅된 어린 두 딸을 바라보는데, 순간 머릿속으로 이런 생각이 들었다.

'나도 지금 이 상황이 믿기 힘들 만큼 놀랐는데 아이들은 얼마나 놀랐을까? 놀란 가슴으로 구급차를 탄 딸들을 위해 내가 이 자리에서 무엇을 할 수 있을까? 나부터 침착해지자, 침착해지자.'

생각한 끝에 아이들에게 엄마 괜찮다고 말한 뒤 미소를 지었다. 그리고는 그럴 힘이 어디서 나왔는지 모르겠지만 "엄마가 곰 세 마리 노래 불러줄게." 하면서 아이들의 놀란 마음을 진정시키고자 목소리부터 차분하게 했다. 엄마라는 이름이 아니었다면 과연 그런 행동을 할 수 있었을까? 팔이 부러져 아픈 상황에서도 아이들 마음을 먼저 진정시켜주고 싶은 생각뿐이었다. 난 두 딸들의 엄마니까!

병원에 도착해서도 아이들이 걱정되기는 마찬가지였다. "생 뼈를 잡아당겨야 해서 많이 아플 거예요. 근데 밖에 아이들이 기다리고 있으니 너무 크게 소리 지르시면 아이들이 아마 놀랄 거예요. 아프셔도 조금만 참으세요. 엄청 아프긴 할 거예요."라는 이야기에, 나도 모르게 고함지를 것을 대비해 다치지 않은 오른손을 입에 갖다 대고 꽉 막았다. 살다 살다 그렇게 심한 통증과 고통은 처음이었다. 그럼에도 소리 지를 수 없었다. 최대한 아이들이 듣지 않게 참고 또 참았다. 다행히 남편과 아이들은 나의 작은 신음조차 듣지 못했다. 엄마라는 이름으로 고통도 밖으로 드러내지 못할 때가 있다는 것을 새삼 실감하게 된 날이었다.

엄마가 되고 달라진 일상이 참 많다. 결혼 전엔 무거운 물건을 들고 버스를 타 본적이 거의 없던 것 같다. 그러나 아이가 생기고 나서는 그런 경험이 몇 번 있다. 나원이는 학교에 가고 나연이와 둘이 있는 오전시간에 버스 타고 장 보러 갈 때였다. 장보러 가자는 나의 말에 나연이는 킥보드 타고 가고 싶어 했다. 처음엔 킥보드 들고 버스 타는 것이 과연 괜찮을까, 다른 사람들에게 피해를 주면 안 되는데 망설이다가 나연이에게 말했다. 버스가 도착했을 때 사람이 거의 없으면 킥보드 들고 타자고. 아이는 빛나는 눈빛과 부드러운 웃음으로 나를 쳐다보며 고개를 끄덕였다. 버스가 도착해 나는 킥보드를 들고 올라타야 했다. 처음 시도해보는 일이라 주변의 시선이 다소 걱정되긴 했지만 아이가 좋아하는 일이었고, 그리 먼 거리가 아니라서 그냥 들고 타자고 마음먹었던 거다. 다행히 넓은 자리가 있어 나연이와 앉았고, 발밑에 킥보드를 놓았으나 도착 할 때까지 킥보드가 쓰러지거나 멀리 움직이지 못하도록 꼭 잡고 가야했다. '내가 엄마라는 이름으로 용기 내어 이런 일도 시도하는구나.' 싶어 버스에 앉아가며 혼자 웃음이 피식피식 새어 나왔다. 아이가 원하는 거라면 크게 위험하거나 도리에 어긋나는 행동이 아닐 경우 가능한 한 아이의 요구를 허용 하는 게 엄마라는 이름으로 갖게 된 새로운 마음가짐이다.

대중교통 이야기가 나와서 말인데, 지하철 탈 때도 눈에 띄게 변한 모습이 한 가지 더 있다. 엄마이기 전에는 아주머니들이 지하철을 타자마자 자리 난 쪽으로 달려가 가방을 놓거나 얼른 좌석에 앉는 행동을 조금 불편해했었다. 더러는 내 신발을 밟아가며 지나치는 아주머니들도 많이 있었기 때문이다. 그러나 엄마가 되어 아이들과 지하철을 탔을 때 자리가 나자, 나도 모르게 빨리 가 그 자리에 아이들을 앉히고 있었다는 사실. 엄마라는 이름이 없었다면 이렇게 까진 하지 않았을 텐데 다리 아플 딸들 생각하니 나도 모르게 반사적으로 나오는 행동이다. 아이들을 앉혀놓고 조금 민망해, 버스에 킥보드 갖고 탔을 때처럼 속으로 웃어 보내던 적도 있다.

아이가 없었다면 생각도 못했을 행동을 아이들의 엄마라는 이유로 행하게 된다. 나원이, 나연이의 엄마라는 이름으로 하게 되는 행동의 변화들을 가만히 관찰해보면 이것이 과연 본능적인 모성애인가 싶기도 하다. 참된 모성애는 자식을 진정으로 사랑하는 엄마 마음에서 우러나온다고 한다. 엄마라는 이름으로 불리지 않았을 때는 느껴보지 못한 마음이다. 포용력이나 관대함, 또는 너그러운 마음이라고 해도 그 깊이가 다르게 느껴진다. 사랑에서 우러난 이런 변화를 안겨준 아이들에게 세상 누구보다 감사하고 고마울 따름이다. 앞으로도 아이들이 자라 사춘기를 겪는 청소년이되어도 지금처럼 아이들을 따뜻하게 품어 안는 인간미 넘치는 그런 엄마이고 싶다.

엄마의 응원

둘째는 올해 열 살이 되었다. 학교에 입학한지 벌써 2년이 흘렀다. 3학년이 된 나연이는 새 학기 등교 첫날부터 담임선생님의 따뜻하고, 다정한 성격에 호감을 보였다. 그래서였을까? 1,2학년 때와 달리 학급 회장 선거에 출마하고 싶다고 했다. 의외였다. 평소 사람들 앞에 나서기를 그리 좋아하지 않는 나연이었다. 그런 나연이가 회장이 되고 싶은 이유가 딱 한 가지 있다고 했다. 즉시 이유를 물어보니 회장은 담임선생님과 친해질 수 있고, 줄을 서도 항상 선생님 곁에 설 테니 좋을 것 같다며 회장선거에 출마할지를 고민하고 있었다. 이유가 어떻든 간에 회장선거에 도전해보겠다는 둘째의 다짐과 생각이 기특하고 대견했다.

둘째가 회장선거가 있기 얼마 전 하교하자마자 말했다.
"엄마, 회장 나가고 싶은 사람 선생님이 오늘 앞에 나오라고 하셨는데 엄청 많이 나왔어. 열 명도 넘어. 근데 선생님이 나온 애들 모두 엄마의 허락받고 오라고 하셨어."

"그렇구나. 너희 반에 회장되고 싶은 친구들이 꽤 많은가 보네~"

그런 줄만 알았다. 그런데 다음날 나연이가 하교하자마자 다시 변화된 모습을 말해주었다.

"엄마~ 오늘도 선생님이 회장선거에 출마할 친구들 나오라고 했는데 오늘은 다섯 명밖에 안 나왔어. 완전 줄었지. 선생님이 그래서 어제 그 많던 친구들 다 어디 간 거야? 라고 물었더니 엄마가 허락 안 해요. 엄마가 하지말래요. 엄마가 부회장만 나가래요. 막 그랬어."

나연이의 말에 웃음도 나왔지만 마음이 괜히 씁쓸했다. 아이가 정말 회장선거에 나가고 싶어 하면 엄마로서 응원도 해주고, 격려도 해주면 좋지 않을까 싶었다. 회장이 되고 싶은 아이에게 회장하지 말라고, 선거에 나가면 안 된다고 아이의 사기와 의지를 꺾는 행동은 아이에게 좋지 못한 영향을 끼칠 수 있다. 더욱이 요즘은 회장이 된 아이의 부모가 학급 일에 크게 관여하는 건 딱히 없어서 부담을 내려놓아도 될 텐데 말이다.

나는 물었다. "나연아, 넌 월요일하고 화요일에 앞에 나갔니?"

둘째는 아니라고 말하며 선거 당일에 진짜로 나가도 상관없으니 굳이 미리 나가지 않아도 된다며 오히려 나를 안심시켰다.

"그래도 선생님이 누가 회장이 되고 싶어 하는지 미리 알아보시려고 하는 건데 회장 선거 나가고 싶은 마음이 있으면 당일이 아니어도 나가야지." 웃으며 말하니 나연인 씨익 미소만 지었다. 아직 선거당일이 안되어 마음속으로 용기가 더 크게 모아져야겠나보다 라고 생각했다.

  그리고 회장선거가 있던 전날 밤, 나연이가 4학년 때 회장이었던 첫째
에게 물어보았다.
  "언니는 회장선거 나갔을 때 뭐라고 해서 친구들이 다 뽑아 준거야?"
  언니의 대답을 기다리며 기대에 가득 찬 초롱초롱한 눈빛으로 둘째가
첫째를 바라보았다. 옆에서 책을 읽고 있던 첫째는 듣는 둥 마는 둥 하더
니,
  "야, 나 기억 안나. 그걸 어떻게 자세히 기억하고 있니?" 그러더니 진짜
자긴 기억이 안 난다고 했다. 속으로 무심한 녀석이라고 생각했다.
  잠자리에 누워 둘째랑 같이 어떻게 선거공약을 할 건지 대화를 나누었
다. 둘째의 생각을 최대한 존중하며 그렇게 말하면 좋겠다고 팍팍 응원해
주었다.
  "3학년7반 기호 몇 번 김나연입니다. 저를 회장으로 뽑아주신다면 선생
님을 도와 깨끗한 반으로 만들고 친구들끼리 서로 싸우지 않고 사이좋게
지내는 반으로 만들겠습니다. 그리고 학교생활에 어려워하는 친구들이
있으면 잘 도와주는 회장이 되겠습니다. 기호 몇 번 김나연을 꼭 회장으로
뽑아주세요."
  선거당일이 된 거처럼 가족들 앞에서 연습하는 둘째 모습이 마냥 귀여
워서
  "엄마는 나연이가 회장선거에 출마하겠다는 마음만으로도 얼마나 기쁘
고 대견하고 자랑스러운지 몰라. 혹시라도 회장에 뽑히지 않더라도 절대
실망하지 말고, 앞으로 기회는 아주 많아. 알았지? 회장선거에 나가 친구

들 앞에서 용기내서 발표를 해봤다는 그 경험이 정말 값진 거야. 나연이가 커서도 두고두고 생각날 거야."라고 말해주었다.

첫째는 동생이 말이 막힐 때마다 다시 처음부터 다시 말하고 다시 말하는 모습에 한마디 툭 던진다.

"야, 버벅거리거나 더듬거리면서 말하면 애들이 진짜 안 뽑아! 언니 때도 회장 선거 때 말 더듬으면서 공약 말하는 애는 아예 표 거의 못 얻었어." 냉정하다. 언니는 언니다. 동생에겐 얄짤 없는 언니.(웃음) 그래도 몇 번의 경험이 있다는 선배로서 동생에게 훈수를 확실하게 둔다. 둘의 모습을 보면서 엄마로서 대견하기도 하고 흐뭇하기도 하고 귀엽기도 하다.

선거가 있던 당일, 둘째는 아침 든든히 한 그릇 뚝딱 비우고, 설레어 하는 마음으로 평소보다 일찍 등굣길에 나섰다. 나연이 책가방이 너무 무거워 교문까지 같이 걸어가는데 아파트 화단에서 귀여운 참새들을 만났다.

"엄마, 나무사이에 참새들 봐봐. 너무 귀엽지?"

"응, 너무 귀엽다. 애들아~ 나연이 오늘 회장선거에 나가~ 너희들도 응원해 주렴."

참새들에게 건네는 내 말에 나연이가 환하게 웃는다. 어젯밤 꿈 잘 꿨나 모르겠네. 교문 앞에서 아이와 인사 나누며 다시 한번 마음으로 응원했다.

"나연아, 너의 엄청난 용기에 엄마가 격하게 응원하마. 행운을 가득 빌어줄게 엄마가."

오후가 되어 수업을 마친 둘째가 돌아왔다. 물어볼 새 없이 나연이가 먼저 이야기를 꺼냈다.

"엄마, 반 전체가 다 누구누구만 뽑았어. 심지어 여자 친구들도 다 그 친구만 뽑았어. 그래서 우리 반 회장은 남자친구야. 아니, 선거에 출마한 여자 친구들까지 다 그 남자친구 뽑았나봐." 아쉬움 가득한 목소리다.

1,2학년 때는 선거가 없다가 처음 선거를 경험한 나연이가 큰 용기 내어 도전했는데 선거에서 떨어져 혹여 마음의 상처를 입지는 않았을까 엄마로서 내심 걱정도 되었다. 그러나 의외로 밝은 모습으로 하교했고, 남자친구가 회장이 된 이야기를 씩씩하게 들려주어 안심이 되었다. 친구들 앞에 나가 씩씩하게 연설했을 나연이를 떠올리니, 결과가 어찌 되었든 간에 그저 흐뭇하다. 그 경험만으로도 이미 충분하다고 생각한다.

이런 엄마의 마음을 눈치 챘는지 나연이는 곧이어 부드러운 웃음을 띤 채 한마디 툭 던진다.

"엄마~ 괜찮아. 2학기 때 또 회장선거에 나가면 되지 뭐!"

좌절하지 않고 또 다시 용기 내어 도전하려는 아이 모습에 마냥 기특하고 대견하다. 그날은 우리 딸 잘했다며 토닥여주고 안아주고 말았지만, 오늘은 말해 주고 싶다.

"그래, 나연아~ 너 말이 맞아. 될 때까지 계속 도전해 보는 거야. 엄마는 너 끝까지 응원 하는 거 알지? 우리 딸 파이팅!! 언제나 사랑해."

아이가 엄마를 키운다

"출산과 양육"이라는 과정을 거치지 않았다면 타인을 위한 배려심이 많이 부족하지 않았을까, 종종 생각한다. 상대에 대한 너그러운 마음가짐이 참 신기하게도 임신과 동시에 찾아왔기 때문이다. 나와 연결된 모든 사람들뿐 아니라 길을 걷다가 만나고 부딪히는 낯선 사람들에 대해서도 너그러운 마음가짐을 갖게 된 내 자신이 신기할 정도였다.

온 세상이 그렇게 아름답게 느껴지긴 태어나서 처음이었다. 뱃속에 생명이 있다는 사실만으로 속 좁던 내 자신이 바다같이 넓은 마음으로 바뀌면서 온 세상 천지만물이 다 아름답게만 보였다. 내게 와준 내 아이가 태아 때부터 엄마의 마음가짐을 키워 준거나 다름없으니 나는 내 아이에게 출산 전부터 얻은 게 더 컸다는 것을 자신 있게 말할 수 있다.

어느덧 자라 나원이가 초등학교에 입학해 1학년 생활에 잘 적응했을 무렵이다. 몇 년 전부터 두 딸과 비슷한 연령의 해외아동과 결연을 맺어 기부를 하고 있었는데, 결연단체에서 해외봉사투어가 있다는 소식을 듣게 되었다. 장소는 매우 열악한 필리핀 톤도였다. 4박6일간의 일정이었고, 봉사 활동은 필리핀에 지어진 학교 건물에 벽화그리기와 아이들 수업에 참여하는 일정이었다. 아무리 의로운 일이라도 섣불리 결정할 수 없던 건 일반적 엄마의 입장에선 8살, 5살이던 두 딸을 두고, 4박6일 동안 집을 비운다는 건 여러 가지 애로사항이 따르는 일이라는 걸 알고 있었기 때문이었다. 혼자 결정할 일이 아니었다. 남편의 도움이 반드시 필요한 상황이고, 남편과 상의하여 결정할 일이었다.

이십대 때는 국내봉사활동에 그리 적극적이지 못했던 나다. 그러던 내가 출산과 아이 양육의 과정을 경험하면서 내 아이뿐만 아니라 국내외의 어려운 처지에 놓인 아동들이 눈에 들어왔고, 열악한 환경에서 어렵게 생활하는 아이들에게 마음이 많이 쓰였다. 또한 나원이가 낯선 초등학교란 환경에 잘 적응하여 성실하게 생활하는 것에 고마워 엄마로서 용기와 희망과 독려를 보태고 싶은 마음도 있었다. 엄마도 낯선 해외 필리핀 톤도라는 장소를 향해 선한 일 하러 다녀오겠노라 아이에게 당당히 보여주고 싶은 마음이 간절했다.

남편과 상의한 끝에 남편은 너무 좋은 기회라며 조심히 잘 다녀오라고 응원과 지지를 아끼지 않았다. 회사원인 남편은 내가 집을 비우는 기간 동안 휴가를 내야했고, 아이들의 식사와 돌봄을 책임지며 엄마, 아빠 역할을 톡톡히 해야 했다. 지금생각해도 그때당시 남편의 응원과 도움의 손길이 없었다면 도전할 수 없는 봉사활동이었다. 그러나 출국 며칠 전 뜻밖의 일이 생겼다. 필리핀에서 총기사건이 발생한 것이다. 뉴스에 연일 필리핀 총기사건으로 인해 대통령까지 나서며 필리핀은 어수선한 상황이었다. 가족들 걱정이 이만저만이 아니었다. 친정 식구들은 시기가 너무 안 좋으니 좋은 일도 다음에 했으면 좋겠다고 털어놓기까지 했다. 그러나 무슨 용기에서였는지 겁이 하나도 나지 않았다. 절대 나쁜 일은 없을 것이며 봉사 잘 마치고 올 테니 걱정 붙들어 매시라고 가족들을 안심시켰다. 아이들에게도 엄마가 집에 없는 동안 아빠와 즐겁게 잘 지내고 있기를 당부했다. 아이들에겐 부모의 행동을 보여주는 것만큼 산교육이 없다고 나는 늘 생각했기에 기회를 놓치고 싶지 않았다. 아이들이 내 마음을 단단히 먹을 수 있게 한 원동력이 되어준 셈이다. 이른 새벽 남편은 나를 공항까지 바래다주며 잘 다녀오라고 포옹해주었다. 믿음직한 남편덕분에 아이들을 편안히 맡기고, 필리핀으로 향하는 비행기에 몸을 실을 수 있었다.

봉사를 하러 필리핀 톤도에 갔지만 너무 열악한 현실과 그 속에서 살아가는 아이들을 보며 오히려 내가 느끼고 얻은 바가 말로 표현할 수 없을 만큼 훨씬 컸다. 한국에서 당연하게 누리던 모든 일상이 열악한 톤도를 실제로 방문하면서부터는 한없이 소중하고 감사하게 느껴졌다. 또한 어려움에 처한 이를 위해 내 손길을 뻗치는 일은 내 안에 어쩌면 당연한 규범으로 자리 잡고 있었을지도 모른다는 생각이 들었다. 누군가에게 무언가를 줄 수 있고, 내가 누군가를 도울 수 있다는 사실은 그 누구도 사랑할 수 있는 광대하고도 드넓은 힘이라는 것도 깨달았다. 고국을 벗어나 낯선 외국에서 낯선 사람들에게 도움 주는 것에 대한 희열은 지구상의 모든 생명체를 마치 긴밀하게 하나로 연결해주는 것만 같았다.

아이들에게 좋은 본보기가 되고자 하는 마음에서 용기 내어 도전한 경험이었고, 아이들이 없었다면 해외봉사 꿈이라도 꿨을까 싶다. 아이들이 엄마를 성장시키고 성숙하게 만들어준 원동력이 되어주었다.

아이들 덕분에 나의 어릴 적 꿈을 이루게 된 일도 있었다. 나는 초등학교 시절 아이들을 가르치는 선생님이 되고 싶었다. 그러나 어른이 되고 직장생활을 하면서는 어릴 적 소망했던 선생님이란 직업도 서서히 잊혀져갔다. 그러다 결혼을 하고 아이를 출산하고 양육하면서 어릴 적 꿈 목록의 하나였던 선생님이 다시 태양처럼 떠오르기 시작했다. 나원이가 1학년 때 학교에서 가정통신문을 가져온 날이었다. 내용을 보니 나원이네 초등학교 5,6학년을 대상으로 명예교사 신청자를 받는다는 거였다. 학부모 중에 직업관련 혹은 꿈이란 주제로 고학년들에게 일일 명예교사를 희망하는 자는 누구나 신청 가능했다. 나는 담당 교사에게 연락하여 과거엔 증권사와 은행 등 금융기관에 종사하였으나 현재는 퇴사하여 전업주부란 사실을 알렸다. 하지만 현재도 이루고 싶은 꿈이 있고, 아이들에게 꿈 관련 이야기를 들려주고 싶다고 했다. 담당 선생님은 흔쾌히 환영해 주었고, 그때부터 두 달간 초등학교 고학년들에게 들려줄 꿈에 대한 스토리를 집중 탐구했다. 명예교사로서 교실에 들어설 내 모습을 상상하며 말이다.

그 당시 내 나이는 30대 중반이었는데 나도 여전히 꿈을 간직하며 살고, 그 꿈을 이루기 위해 도전하고 있음을 아이들에게 꼭 말해주고 싶었다. 나원이 덕분에 선생님이 되어 아이들에게 평소 들려주고 싶던 꿈에 대해 이야기를 들려줄 수 있었다. 이 일을 계기로 운이 좋아 추가 강연 요청이 들어오기도 했는데, 여러모로 뿌듯하고 즐거운 경험이었다.

그 이듬해에는 나원이네 학교에서 학부모들을 대상으로 외부강사를 초

청해 전래놀이수업을 해주었는데 그 수업을 계기로 전래놀이 지도사자격증을 따기도 했다. 아이들과 더 재미있게 놀아주고 싶은 마음에 여름 내내 땀 흘려, 시간 들여 얻은 결과였다. 나원이 2학년 때 자격증을 따고, 나원이 같은 반 아이들을 대상으로 전래놀이수업을 할 기회가 주어지기도 했다. 덕분에 아이들과 신나게 뛰어놀며 즐거운 추억을 만들 수 있었다.

　우리는 보통 엄마가 아이를 키운다고 생각하지만 사실은 그 반대였다. 아이가 있어 새로운 일에 대한 도전의식도 생기고, 아이에게 더 좋은 본보기가 되고자 용기와 열정을 끌어올려 행동에 임하게 되는 걸 보니 말이다. 이런 점에서 볼 때 아이가 엄마를 성장시키고, 키운다고 해도 과언이 아닐 것이다. 고통 받는 아이들을 보고 마음아파 힘닿는 만큼 돕고자 필리핀 톤도로 무작정 봉사를 떠나고, 한참 꿈을 키워나갈 아이들이 꿈 없이 일상을 보내는 것이 안타까워 자진해서 명예교사를 했던 것도 모두 내 아이들 덕분이었다. 아이를 키우는 것은 결국엔 엄마인 나 자신을 어제의 나보다 한 단계 성숙한 오늘의 나로 성장해가는 과정이 아닐까! 아이들이 성인이 되었을 때, 그만큼 자라있을 내 모습도 상상해본다. 벌써부터 두근거린다.

제5장

프로엄마 되기의 지혜

엄마가 독서해야 할 필요성

　요즘은 엄마들도 독서의 중요성을 크게 인지하고 집안의 거실을 서재화 하는 집들이 많이 늘고 있다. 우리 집 역시 신혼 때부터 TV가 없었으니 아이들이 태어나고부터 자연스럽게 거실을 서재화해서 책을 가까이에서 접할 수 있게 해놓았다. 아이들에게 책은 즐겨 가지고 노는 장난감이었고, 엄마가 심심할 때 마다 수시로 읽어주는 편안한 도구였다. 자라나는 어린 자녀들에게 책을 즐겨 읽는 아이로 독서습관을 만들어 주고 싶은 부모라면 독서를 방해하는 요소로부터 최대한 거리두기를 하게 하는 것은 매우 중요하다. 예를 들면 스마트폰이나 TV, 또는 인터넷게임 같은 것들이다. 책 읽는 부모의 모습을 자주 보여주는 것도 못지않게 중요하다. 부모가 항상 책을 가까이 하는 모습을 보고 자라는 아이들은 부모의 모습을 통해 저절로 독서 습관을 물려받게 되어있다. 이런 환경적인 조건과 본보기가 될 수 있는 부모의 모습은 책 좀 읽으라는 그 어떤 잔소리보다 영향력이 훨씬 크다. 아이들은 부모의 모습을 거울삼아 본보기로 살아가기 때문이다.

나의 경우, 사실 아이의 본보기가 되기 위해 육아서를 읽기 시작했던 것은 아니었다. 아이들이 한두 살 때는 좋은 본보기가 되어야지란 생각보다는 아이에게 좋은 부모가 되어야겠다고 생각하던 때였다. 그런데 막상 좋은 부모란 어떤 부모일까란 질문을 던졌을 때 답이 쉽게 나오지 않았다. 너무 막막했다. 그렇게 스스로 답을 찾기 위해 육아서를 한두 권씩 사서 읽기 시작한 게 계기였다. 어떻게 하면 이 소중하고 귀한 아이를 타고난 기질대로 잘 키워낼 수 있을까 고민하고 또 고민했다. 육아서와 교육서안에 육아의 길잡이가 될 수 있는 지침이 반드시 있을 거라고 믿었기에 가능했던 일이었다. 아이를 잘 길러내고 싶은 간절한 마음에 지혜를 구하고자 하루가 멀다 하고 육아서를 찾았다. 처음에는 일주일에 한두 권씩 아이가 잠들어 있는 틈을 이용해 육아서를 읽었다. 그러다 얼마 후에는 이틀에 한 권 꼴로 속도가 붙었다. 낮잠 자는 아이들 옆에서 조용히 책장을 넘겨가며 눈에 불을 켰고, 아이들이 잠든 새벽엔 졸린 눈을 비벼가며 책을 읽다 베개 삼아 잠든 날도 많았다. 아이를 키우면서 어려운 고민이나 난관에 부딪힐 때마다 서점으로 달려가거나 인터넷서점을 기웃거리며 관련 책을 찾았다. 책과 접하는 시간이 늘어날수록 아이들이 자라나는 거처럼 내 책 읽기의 수준이나 육아 노하우도 점점 쌓이기 시작했다.

책을 가까이 하고 좋아하는 내 모습은 어느 순간 아이들에게 독서를 즐기는 좋은 부모의 본보기가 되어 있었다. 책 읽는 아이로 키우기 위한 좋은 본보기가 된 것도 엄마 독서의 이점이었지만 육아서를 읽을수록 아이들을 양육하는데 큰 실질적인 도움을 받기도 했다. 책에서 읽은 대로 배려 깊은 육아를 하기 위해 아이들을 좀 더 따뜻하고 편안한 시선으로 바라볼 수 있었기 때문이다. 만약 책을 읽지 않았다면 힘들고 고된 육아에 지쳐 그때그때 올라오는 감정대로 나도 모르게 행동하고 말하게 되지 않았을까 아찔하다. 설령 아이들에게 엄마로서 그리고 어른으로서 좋은 모습 대신 순간의 감정을 들키기라도 할 때엔 즉각 사과하고, 나 스스로를 돌아보며 반성하고 성찰하는 시간도 가질 수 있었다. 모두 육아서적 덕분이었다.

내 아이를 잘 키우기 위해 쉬지 않고 꾸준히 읽은 육아서적과 교육서적들 덕분에 어느 순간부터는 별로 관심 없던 분야의 책에도 마음이 가게 되었다. 옆에서 지켜보던 남편이 "요즘은 이런 책도 읽어?"하며 신기한 듯 바라봤다. 엄마라는 이름을 갖게 된 순간부터 늘 어떻게 하면 아이를 잘 양육할 수 있을까?란 고민을 쉬지 않고 해왔다. 그 고민 하나로 육아서를 읽기 시작한 것이 어느 새 책 편식 없이 다양한 분야의 책을 읽으며 엄마로서의 지혜를 구하기 위해 애쓰는 나를 발견하게 된 것이다. 계속해서 책이 책을 부른 셈이다.

육아서적을 읽을 때마다 다른 분야의 책도 한두 권씩 곁들여 읽었는데 그때 특히 관심 가졌던 분야가 경제도서였다. 남편도 경제 분야에 관심이 많았기에 서로 읽은 책을 교환해 읽기도 하고, 읽은 내용을 저녁 식사 때마다 함께 대화 나누며 서로의 생각을 공유하는 시간도 가졌다. 엄마 아빠의 대화에 아이들도 유심히 듣더니 모르는 용어는 물어보기도 하며 자신들이 몰랐던 경제용어에 대해서도 자연스럽게 알아갔다. 아이들과 함께 읽은 책 이야기를 나눌 땐 지식의 향연에 초대받은 듯 대화가 끊이지 않고 흥미로웠다. 읽어가는 경제 책이 쌓이는 것과 동시에 세상 돌아가는 것에 눈 뜨게 된 건 당연한 결과였다. 덕분에 중요한 순간 남편의 도움 없이 나 혼자 당당히 금전 계약을 처리한 일도 여러 번 있었고, 손해 볼 뻔 했던 순간이었지만 잘 해결된 사연도 있었다.

경제 분야를 탐구한 이후엔 안전한 먹거리 관련 도서를 읽기 시작했다. 건강하게 아이를 잘 키우려는 취지였다. 유해첨과물이 들어있는 음식은 평소 우리가 쉽게 접하는 음식들이었기에 너무나 놀라웠다. 먹거리 관련 도서와 안전한 영양관련 도서를 읽으면서 지금이라도 알게 된 점에 세상 감사했다. 특히 자라나는 어린 아이들에겐 안전한 음식을 먹임으로써 아프지 않고, 건강하게 잘 자라게 하는 것은 무엇보다 중요한 일이었다. 엄마가 공부를 하느냐 하지 않느냐에 따라 아이의 건강여부도 달려있는 듯했다.

우리 아이들 또래의 자녀를 둔 주변 엄마들은 나를 만나면 제일 먼저 묻는 질문이 있다. 대체 뭘 먹여서 아이들이 이렇게 키가 크냐고 묻는다. 그때마다 나는 잘 먹고 잘 뛰어놀고 잘 자는 것이라고 말하면서 비장의 무기라도 있는 듯 하나를 더 붙여 일러준다. 바로 아이들 몸에 해롭다고 생각되는 음식은 거의 먹이지 않았다는 것이다. 아이들에게 독서습관을 물려주기 위해 독서를 방해하는 것들로부터 멀리 했듯이 건강도 마찬가지였다. 키가 쑥쑥 잘 자라고 아픈데 없이 건강하게 자라게 하기 위해 몸에 해로운 음식은 최대한 멀리 했던 것이다. 전부 독서한 덕에 알게 된 것이었다. 음식관련 책은 건강과 자연의학서적으로 분야를 확장하게 했다. 의대에 들어가야만 특별히 읽을 것이라고 생각했던 의학서적도 읽어가며 지식을 쌓는 시간들에 감회가 새롭기도, 왜 진작 읽지 않았을까 안타까운 마음이 들기도 했다. 그만큼 방대한 알 거리들로 가득했다. 의학서적을 읽다가 자연스럽게 몸과 자연 그리고 음양오행과 동양사상에 관심을 갖게 되어 명리학과 주역, 동의보감도 공부하게 되었다. 작년엔 1200페이지가 넘는 두꺼운 주역 책을 읽으며 동양철학을 배웠는데 삶이 훨씬 더 풍요로워진 느낌을 받는다. 엄마가 되고, 독서를 하며, 점점 더 배우고 공부할 거리가 많아진다.

원래 지식이란 책을 통해 탐구하는 대상이다. 아이를 잘 키우는 방법이나 노하우도, 아이의 교육법이나 제대로 된 훈육법도, 건강한 먹거리를 위한 음식관련 공부도, 병원에 의존하지 않고 병이 생기기전 몸을 건강하게 돌보기 위한 양생법도, 돈을 제대로 벌고 쓰기 위한 경제공부도, 사람과의 관계 속에서 살아가기 위해 기본적으로 알아야 할 인문학도, 수많은 고전과 철학관련 공부도 모두 책을 통해 탐구해 나갈 수 있었다. 우리가 독서를 통해 제대로 된 공부를 하지 않고서는 특히 요즘 같이 넘쳐나는 정보의 홍수 속에서 타인 의견에 끌려 다니게만 될 뿐 자기 생각을 뚜렷하게 표현할 수 없다. 독서는 모든 공부의 시작과 끝이다.

아이를 낳고 키우는 엄마라면 반드시 독서를 시작하라고 권하고 싶다. 틈틈이 독서하는 시간을 통해 엄마의 삶이 점점 풍요로워짐을 느끼게 될 것이다. 처음엔 육아서를 시작으로 독서를 하겠지만, 나중엔 각자의 관심분야에 따라 뻗어나가는 가지가 달라질 것임은 분명하다. 여러 분야에 대해 폭넓은 독서를 하다보면 뜻밖에 자신의 적성이나 다른 재능을 발견하는 기회가 찾아오기도 한다. 엄마들이여! 풍요로운 삶을 위해서라도 독서는 결코 선택이나 취미가 아니라 필수임을, 스스로 깨달아가기를 진심으로 바란다.

아이와 잘 노는 엄마가 되자

의무감으로 하는 육아는 지루하고 하나도 재미가 없다. 육아를 힘들고 지루하게만 느끼는 엄마의 마음은 아이에게 금세 들통 나버리기도 한다. 그래서 내가 제안하는 것은 이것이다. 어차피 해내야 하는 육아라면 의무감에서 벗어나 눈높이를 아이에게 맞추어 즐거운 마음으로 임해보는 건 어떨까? 아이들이 어떨 때 생기 넘치게 일상을 보내는지, 어떨 때 생생하게 살아있음을 느끼는지 그런 순간을 포착하려고 한다면, 육아는 더욱 행복한 시간으로 발전할 테니 말이다.

나 역시 아이들을 대하면서 체력적으로 힘들 때는 지쳐하거나, 감정적으로 괜히 우울해질 때도 있었다. 하지만 그런 엄마의 마음이 전파되면 아이들도 행복해하지 않는다는 것을 깨닫고 육아를 고된 일로 여기기 대신 즐겁게 해보자고 조금씩 마음을 다져나갔다. 다짐 덕분에 나원이, 나연이는 행복한 아이로 자랄 수 있었다.

　엄마가 즐거운 마음으로 신나게 놀아주자 아이들은 생기발랄해졌다. 그리고 각자의 개성대로 놀이를 즐기기 시작했다. 나는 그때마다 장단을 맞추고 흥을 돋는 격이었다. 아이들은 소소한 것에서 매우 즐거워하고 까르르르 넘어간다. 책을 읽어주다가 똥 얘기나 코딱지 얘기만 나와도 둘째는 배를 부여잡고 뒤로 넘어갈 듯 웃었다. 자기들끼리 웃긴 그림을 그렸을 때 호응해주며 나도 덩달아 웃긴 표정만 지었을 뿐인데 아이들은 즐거워했다. 같이 숨바꼭질 하며 내가 최대한 웅크려 좁은 공간에 몸을 숨길 땐, 킥킥거리며 좋아서 어쩔 줄을 몰라 했다. 신나하는 아이들의 모습은 그 무엇과도 바꿀 수 없는 나의 소중한 행복이었다.

　집 앞 놀이터에서 다져진 실력으로, 우리의 술래잡기는 초등학교 내 정글짐으로 옮겨갔다. 그리고 어린 시절 정글짐에서 친구들과 놀던 추억을 되살려 똑같이 재현해주었다. 마치 그때로 돌아간 듯 나 또한 마치 초등학생처럼 아이들과 놀다 보니 아이들은 엄마와 노는 걸 최고로 즐거워했다. 공 하나만 들고나가도 놀이터나 공원, 학교운동장등에서 시간 가는 줄 모르게 실컷 놀다 들어왔다. 외출 할 때는 마실 물외에도 생수병에 수돗물도 담아가서 모래 놀이할 때 조금씩 부어주기도 했다. 아이들은 신발 벗고 털썩 그 자리에 주저앉아 집에 올 생각을 하지 않고 몇 시간을 놀았다. 낮에 점심 먹고 나가 해가 지고 깜깜해질 때까지 움직일 생각을 안 하던 녀석들이다. 집에 오면서 배고프고 화장실 가고 싶다고 호소해서 당황했던 적이 한두 번이 아니었다. 놀이에 깊게 몰입했던 아이들의 모습에 놀라움을 금치 못했다. 아이들은 그때마다 자유로워 보였고, 생기발랄해 보였다.

아이 시선에 맞추어 아이들과 함께 놀아 줄수록 우리 모녀 관계는 더욱 끈끈해졌다. 아이와 잘 노는 엄마가 된 덕에 유대감을 강화시킬 수 있었던 것이다. 무엇보다 아이들 대하는 것을 어렵게만 여기던 것에서 벗어나니, 한결 마음 편안해졌고, 아이들과 즐겁게 지내는 것이 그리 어렵고 힘든 일만은 아니란 사실을 깨닫기도 했다.

그럼 어떻게 하면 아이들과 잘 놀 수 있을까? 나는 그 핵심으로 "아이가 하고 싶어 하는 놀이를 하면 된다."라고 말하고 싶다. 엄마가 제안해서 무언가를 하려고 하기보다는 아이들이 원하는 놀이를 하고, 그것에 호응해 주며 함께 즐겁게 참여하면 충분하다. 엄마가 제안하는 놀이는 가짜놀이가 될 수 있다. 아이들이 놀이에 주도권을 가지고 원하는 방향으로 놀 수 있도록 해준다면 그 놀이는 진짜 놀이가 된다. 물론 가끔은 아이들의 성향을 파악해서 엄마가 제안할 수도 있다. 무엇을 할 때 아이들이 잘 놀고 최고로 몰입하는지 충분히 파악이 된 엄마라면 말이다. 그렇지만 그럴 때도 놀이의 주인공은 아이들임을 잊지 말아야한다. 이렇게 놀이에 푹 빠져 몰입할 때 아이들의 뇌도 발달한다고 한다. 일석이조의 효과를 얻는 셈이다.

아이들과 함께 즐겁게 노는 것은 결코 어려운 일이 아니다. 나 역시 아동기를 거쳤고, 그 시절 고무줄놀이, 술래잡기, 얼음땡, 말뚝 박기 등 다양한 놀이에 푹 빠져 엄마가 저녁 먹으러 들어오라고 부를 때까지 놀기 바빴다. 어른이 되었다고 그 재미를 느낄 수 없게 된 것이 전혀 아니었다. 그때를 떠올리며 다시 그 시절로 돌아가, 또래 친구 대신 아이들과 뛰놀면 되는 것이었다. 생각보다 그리 어렵지 않다.

그렇게 땀 흘려 신나게 뛰어 놀던 시절은 나의 유년기를 미소 지어질 만큼 즐겁고 소중한 추억으로 만들어 준다. 나의 아이들에게도 엄마 외에 여러 명의 친구들과 신나게 뛰어노는 시간을 만들어주고 싶은 마음이 가득하지만 주변의 친구들은 항상 여기저기 학원에 다니기 바쁘다. 설상가상으로 요즘은 코로나19로 친구들과 대면조차 힘든 상황이다. 이런 상황에서 엄마는 더더욱 우리 아이들과 함께 즐겁게 놀아줄 수 있는 유일한 사람이다. 어릴 적 신나고 즐거웠던 잊지 못할 추억들을 우리 아이들에게도 안겨주고 싶다. 아이들과 엄마가 함께 소중한 추억을 공유한다는 것은 아이들이 자라서도 부모와의 관계에서 *끈끈한 끈*이 되어줄 거라 믿는다. 콩나물 자라듯 하루하루 쑥쑥 자라나는 아이들이다. 그래서 더더욱 매일의 일상이 너무 귀하기만 하다. 내 품에 있을 시간동안 온전히 아이들과 신나게 놀며 세상을 배우게 하고 싶다. 먼 훗날 아이들이 어린 시절을 떠올렸을 때, 엄마와 친구처럼 실컷 놀았던 소중한 기억들이 세상을 생기발랄하게 살아가게 하고, 즐겁고 긍정적으로 바라보게 하는 튼튼한 지지대가 되어주면 좋겠다.

아이와 고전을 읽자

장자가 말하였다.

"나에게 잘해 주는 사람이 있으면 나도 그에게 잘해 준다.

나에게 악하게 하는 사람이 있어도 또한 그에게 잘해 준다.

내가 다른 사람에게 악하게 하지 않으면 누가 나에게 악하게 하겠는가?"

저녁을 먹고 아이들과 명심보감을 함께 낭송하고 있었다. 분량은 하루에 세편정도씩 하기로 정했다. 한편씩 낭송을 마치면 읽은 페이지에서 혹시 이해가 잘 안 되는 부분은 이야기하고, 같이 나누고 싶은 구절이나 경험과 연관 지어 말하는 것도 얼마든 좋다고 일러 주었다. 나연이가 위의 문장을 다시 읽으며

"엄마, 나에게 잘해주는 사람에겐 당연히 나도 잘해 주는 건 이해하는데

나한테 악하게 하는 사람이 있어도 또한 그에게 잘해 준다. 이 부분이 사실 난 이렇게 안하는데. 언니가 나한테 못하면 나도 똑같이 언니한테 못하는데."

조용히 듣고 있던 나원이가 한마디 거든다.

"거봐 김나연! 그러지 말라잖아. 넌 내가 조금만 건드려도 더 심하게 하잖아."

자신들의 경험에 빗대어 솔직하게 터놓는 두 딸들의 대화에 웃음이 나왔다.

"얘들아~ 명심보감은 마음을 밝히는 보배로운 거울이라는 뜻이래. 명심보감을 읽다보면 너희들이 들어본 것 같은 말들도 많이 나올 거야. 우리가 당연하게 알고 있는 이야기들도 많이 실려 있어. 그런데 중요한건 내가 정말 이렇게 살고 있는지 돌아보게 되는 문구들이 명심보감 안에 많이 들어있다는 사실이야. 엄마도 나연이 마음 충분히 이해해. 나한테 악하게 하는 사람이 있으면 잘해주는 게 쉬운 일은 아니지. 엄마도 머릿속으로는 알고 있어도 실제로 현실에서는 이렇게 못하고 있다는 생각이 드는 문장도 많아. 이런 기본 지침들을 우리가 중요하게 여기지 않고 흘려보내는 경우도 있으니 읽으면서 마음속에 꼭 새기고, 잘 익혀두도록 하자~. 특히 너희들은 아직 어려서 감정적으로 행동하기가 더 쉬울 수 있어. 그래서 엄마랑 이렇게 큰 소리로 소리 내어 같이 읽다보면 너희들 삶의 지혜가 될 수 있는 가르침도 발견하게 되고, 재미있는 문장도 만날 수 있을 거야."

그 뒤로도 나연이는 명심보감 읽을 때마다 적극적으로 이야기 하며 함께 나누고 싶은 문장을 통해 많은 대화를 나눌 수 있었다. 나원이는 확실히 생각하는 깊이가 더욱 깊어져 이해도마저 깊어졌음을 오가는 대화만으로도 느낄 수 있었다. 우린 가끔은 재미삼아 짧은 구절은 한글자도 틀리지 않고 암송하는 시합도 해보았다. 아이들은 서로 틀리지 말자라는 미션에 맞춰 정확하게 암송하기 위해 외우고 또 외웠다. 낭송시합까지 하다 보니 저절로 배움의 주인공이 자신들이다란 사실도 느낀 듯 했다. 학교공부할 때보다 더 흥미로워하며 새로운 배움 방식에 즐거워했다. 어느새 머리와 입이 하나가 되어 책을 보지 않고도, 자신의 몸 안에서 소리가 흘러나오는 것을 몸소 느끼며 이것이 바로 낭송의 매력이라는 것을 알게 되었으리라.

명심보감은 조선시대에 들어 아이들이 공부를 막 시작하면서 읽는 입문서로 널리 쓰였다고 한다. 우리에게 명심보감이란 이름이 친숙한 것도 오랫동안 서당에서 널리 사용된 책이기 때문이다. 이렇듯 시대를 넘어 전해지는 값진 지혜이기에 자라나는 우리 아이들에게 꼭 들려주고 싶어서 아이들과 리듬에 맞춰 낭송하기를 멈추지 않았다.

나는 아이들과 그동안 고전을 꾸준히 낭송해왔다. 명심보감을 읽기 전에는 사자소학과 천자문, 그리고 추구를 낭송했었다. 사자소학을 낭송 할 때는 아이들이 마음에 와 닿는 문장을 시키지도 않았는데 필사까지 하면서 마음에 새기고 또 새기는 모습에 기특하고 대견해보였다.

공부는 즐거워야한다고 생각한다. 학교에서도 교과서를 읽을 때 눈으로만 보는 묵독을 하다보면 지루하고 너무나 재미없는 노동이 될 가능성이 높다. 그러나 다 같이 소리 내어 낭송 하다보면 내안에 새겨진 파동과 울림이 오래오래 남기 마련이다. 그것이 소리의 긍정적인 효과다.

다산 정약용 선생은 〈책 읽는 소리〉라는 자신의 시에서 '온 세상에 무슨 소리가 가장 맑을까 눈 쌓인 깊은 산속의 책 읽는 소리라네.'라고 말할 만큼 낭송이 우주의 소리 중에 세상에서 가장 아름다운 소리라고 말했다. 소리는 경계를 넘어 결국 많은 사람에게 울려 퍼진다.

아이들과 낭송을 할 때 꼭 철학고전만을 고집할 필요는 없다. 아이들에게 좀 더 쉽게 다가오는 명작고전으로 아이들 수준에 맞는 걸로 골라 낭송해도 좋은 효과를 볼 수 있다. 엄마가 직접 고전을 읽어주거나 아이에게 고전을 읽게 하는 것도 물론 너무 너무 좋은 독서 습관이다.

우리의 경우를 이야기 하자면, 3년 전엔 명작 고전 중에 80일간의 세계일주책을 아이들 방학 때 읽어준 적이 있다. 나연이는 그 당시 미취학이었기 때문에 혹시 내용을 어려워하지 않을까 약간의 걱정이 있긴 했으나 나연이의 반응을 보고 괜한 걱정을 했다라고 금방 알아차릴 수 있었다. 아이들은 이야기를 정말 좋아한다. 책에 푹 빠져 어느새 주인공의 마음속으로 들어가 있기도 한다. 80일간의 세계일주를 읽을 때도 그랬다. 아이들은 매우 흥미로워했으며 우연히 영어 동영상을 보다가 80일간의 세계일주 만화가 나오자 첫째가 무척 반가워하며 엄마가 읽어준 이야기라고 좋아하기도 했다. 책으로 이미 읽은 내용이라 그런지 영어 동영상도 매우 흥미롭게 보며 학습적 효과도 이중으로 누릴 수 있었다.

그 밖에 나연이, 나원이 유아시절에는 〈꽃들에게 희망을〉과 〈아낌없이 주는 나무〉같은 쉬운 고전을 읽어주기도 했다. 물론 이미 학교에 입학 전부터 읽기독립은 완벽히 된 아이들이지만 초등학교에 입학하니 유아시절 때 책을 읽어주던 습관들이 많이 그립기도 했고, 여전히 아이들과 함께 하는 시간을 충분히 갖고 싶은 마음에 책을 꾸준히 읽어주었다. 그때 선택한 책들은 이왕이면 고전으로 선택했다. 15소년 표류기, 톰 소여의 모험, 빨강머리 앤 같은 문학고전들이었다. 특히 둘째 나연이는 15소년 표류기를 너무 재미있어했는데 아마 모험을 즐기는 아이들의 모습이 매우 흥미로웠던 것 같다. 들을 때마다 장면을 상상하며 귀 기울여 듣는 아이의 모습에 상상력과 창의력이 풍부해지겠구나 싶은 믿음이 있었고, 고전 읽기가 자라나는 아이들에게 참 좋은 습관 같았다.

논어, 사자소학, 명심보감, 격몽요결, 장자 같은 철학고전과 문학고전을 아이에게 읽어주거나 아이와 함께 낭송하거나 아이가 스스로 읽게 하면 가장 좋은 점은 생각하는 힘을 기를 수 있다는 사실이다. 과거 우리의 지혜로운 사상가나 철학자들의 삶에서 우리는 상황을 정확하게 통찰하는 힘도 기르게 되고, 비판적 사고력 또한 기를 수 있게 된다.

프랑스의 시인 폴 발레리는 이런 말을 했다. "사람은 생각하는 대로 살지 않으면 사는 대로 생각하게 된다." 생각하는 대로 살기 위해서는 고전을 통한 사색이 필요하다. 무엇보다 4차 산업혁명시대에 살아갈 아이들에게 생각의 중요성은 날로 커지고 있다. 사색의 힘! 이것은 고전을 통해 반드시 길러지고 고양시킬 수 있다.

아이들과 고전을 낭송하면서 또 좋았던 점은 한 문장 한 문장을 정확하고 분명하게 소리 내어 읽는 습관을 만들어준 점이다. 둘째 나연이는 책 읽는 속도는 빠르지만 소리가 다소 작고, 빨리 읽으려고 하니 발음이 명확

하지 않을 때가 종종 있었는데 고전 낭송을 하며 소리가 점점 분명해지고 또렷해지는 것을 확실히 느낄 수 있었다.

요즘 나는 동양철학과 서양철학관련 도서를 읽으며 공부중이다. 아리스토텔레스는 사색하는 삶을 최고의 행복이라고 했다. 생각은 삶을 아름답게 만들어준다는 것이다. 생각하지 않는 삶은 그저 흘러가는 무의미한 시간이라고. 생각하며 산다는 것은 무엇일까? 자신의 삶을 다듬어 나갈 수 있고, 자신의 삶에 의미를 부여함으로써 삶의 철학을 가지고 살아갈 수 있는 디딤돌이 된다는 의미가 아닐까! 사색은 통찰력과 독창성, 창의성도 기르는데 반드시 필요한 과정이다. 아이들과 고전을 낭송하거나 고전을 가까이 접하게 함으로써 생각하는 힘을 기르고, 인간의 고유한 특성인 공감능력과 창조적 상상력도 쑥쑥 키워주길 바란다.

아이들과 함께 하는 모든 순간을
엄마 공부의 시간으로

지금까지의 내 인생을 돌아보니 공부의 종류도 다양하게 펼쳐졌던 것 같다. 학교 다닐 때 했던 공부부터 시작하여 대학을 졸업하고 남편과 데이트하던 시절의 연애 공부, 사회초년생으로 직장에 입사하여 다양한 사람들과 관계 맺으며 겪었던 사회인공부가 그것이었다. 또 사회구성원으로서 역할을 하기 위해 했던 은행공부, 결혼하여 한 남자의 아내로서 생활하며 다져진 아내공부 그리고 아이들을 키우며 했던 엄마공부까지 다양한 공부가 내 삶에서 펼쳐졌다.

그중 성장의 원동력이 되어준 공부는 무엇보다 엄마공부였다. 첫아이를 출산한 서른 살부터 육아를 하고 있는 지금까지 매 순간 순간이 나는 엄마로서의 삶을 배우는 과정이었다. 우리 아이들을 통해서 비로소 엄마공부를 제대로 할 수 있게 된 것이다.

한 번도 경험 해보지 못했던 엄마로서의 삶이 첫 아이의 출산과 동시에 마주치게 되었을 땐 나도 어떻게 하는 것이 과연 아이를 잘 키우는 것인지 몰라 우왕좌왕 하지 않을 수 없었다. 당장 내 품에 안은 어린 아이를 그저 제대로 잘 키우고 싶은 마음은 누구보다 충만한데 그 방법을 모르니 책을 들여다보고 찾아보지 않을 수 없었다. 읽은 육아서와 교육서는 책장에서 점점 넘쳐났다. 책에서 읽은 내용을 그대로 실천하기 위해 노력했지만 양기 충만한 어린 아이들은 어디로 튈지 모르는 탁구공과 같다보니 눈앞에서 일어나는 현실은 육아서와 교육서에 나오는 거처럼 마냥 순조롭고 평탄하게만 흘러가지 못했다.

고된 육아에 몸도 마음도 지쳐, 불편한 마음이 불쑥불쑥 올라 올 때도 많았다.

아이들이 3살, 6살 때의 일이다. 두 딸 모두 어린이집이나 유치원을 보내지 않았으니 24시간 함께 지내던 나날이었다. 아이들이 욕실에서 비눗방울 놀이를 하며 노는 사이 컨디션이 좋지 않아 잠깐 침대에 누워있었다. 그러다 나도 모르게 깜빡 잠이 든 모양이다. 갑자기 나원이가 안방으로 뛰어와 "엄마~ 나연이가 우리 목욕할 때 쓰는 목욕비누 한통 다 세면대에 부었어." 하는 것이 아닌가? 나연이가 가지고 놀던 비누는 최근에 사서 아직 한 번도 사용하지 않은 새 제품이었다. 아이들이 어려 이왕이면 순한 제품으로 씻기기 위해 식물성 원료로 만든 값이 꽤 나가는 목욕용품을 사용하던 때인데 하필 그 비누였다. 벌떡 일어나 욕실로 달려가 보았다. 헐레벌떡이던 나와 달리 둘째는 나를 보며 매우 천진난만하고 해맑게 웃으며 새로 산 목욕제품 통을 거꾸로 흔들고 있었다. 세면대에 이미 다 쏟아부은 상태로 비누거품을 만들며 까르르 거렸다. 이미 제품은 거의 남지 않은 빈 통이었다. 어이가 없었다. 빈 통이 된 목욕제품을 급히 빼앗았다. 순간 둘째가 호기심에 가득 차 세상 모든 것을 탐험하고자 하는 3살짜리 어린 아이란 사실을 까맣게 잊고 소리를 버럭 질러버렸다.

"누가 이런 장난을 치래!"

컨디션이 안 좋았던 나는 아이의 순수한 장난을 고운 시선으로 바라보지 못했던 것이다. 엄마가 처음으로 소리를 버럭 질러 겁이 난 아이는 갑자기 삐죽삐죽 대더니 크게 울음을 터트렸다. 한참동안을 서럽게 흐느껴 울었다. 곁에서 이 모습을 지켜보던 6살 나연이는 동생을 자기 품으로 감싸며 달래주기 바빴다.

그날 어린 둘째에게 잘못을 몰아붙이며 크게 혼을 낸 내 행동은 두고두고 후회스러웠다. 새 목욕용품을 빈 통으로 만들어버린 아이의 행동에만 제재와 제한을 두면 될 것을 어린 아이에게 감정적으로 크게 화를 낸 것에 많이 부끄러웠다.

분명히 그 많은 육아서를 읽으며 어린 자녀들의 훈육방법이나 노하우를 익히 알고 있었고, 아이들의 행동에 공감해주는 것이 중요함을 잘 알고 있었으면서도 컨디션이 너무 안 좋았던 그 날 순간적인 감정을 다스리지 못했던 거다.

그날 밤 잠자리에서 나연이를 꼭 끌어안고 호기심에 한 행동을 이해해주지 못하고 엄마가 크게 혼을 낸 것에 진심으로 사과했다. 가끔 나연이한테 그때 일을 기억하냐고 물으면 나연이는 전혀 기억나지 않는다고 말한다. 다행인가 싶다가도 한편으론 아이가 큰 충격을 받아 기억 속에서 사라진 것은 아닐까? 라는 생각이 들기도 해서 그때 일을 떠올리면 미안한 마음이다.

결국, 아이들이 있었기에 화가 나는 내 감정을 들여다볼 수 있었고, 순간적으로 '화'라는 감정이 올라올 때 어떻게 대처해야 아이들에게 상처주지 않을지도 깊게 생각하게 되었다. 감정을 조절하는 훈련을 할 수 있게 된 것이다. 누구에게나 처음 겪는 육아는 서툴고 어렵기 마련이다. 특히 육아를 하면서 힘들 때마다 불쑥불쑥 올라오는 '화'라는 감정 때문에 육아가 더 힘들게 느껴질 수도 있다. 그러나 아이들의 발달 과정을 이해하고 엄마로서 그때그때 자신의 감정을 잘 조절하는 훈련을 하다보면 그 시간들은 결국 엄마내공을 쌓을 수 있는 귀한 엄마공부시간이 될 것이다. 더 나아가 아이들, 남편, 내 가족, 지인 등 어느 누구와의 인간관계에서도 자신의 감정을 잘 조절하고, 다스릴 줄 아는 감정 조절의 달인이 될 수 있는 기회이기도 하다. 그래서 더욱 엄마공부는 중요하다.

육아를 하는 동안 과연 아이와 교감을 잘 한다는 것은 어떤 것일까를 스스로에게 질문하며 보냈다. 그것은 아이 입장에서 아이 마음이 되어보는 것 아닐까 싶었다. 아이들과의 교감능력을 터득하기 위해 아이들과 자주 눈빛을 마주치며 늘 밝게 웃으려 했고, 아이들에게 충분히 공감하기 위해 아이들의 동작 하나하나에 집중했다. 매 순간 양기로 가득하여 에너지가 충만한 아이들이 신나게 뛰어놀 수 있도록 자주 밖으로 나가 함께 뛰어다니며 에너지를 발산했다. 이렇게 아이들과 함께 하는 시간을 늘리면 늘릴수록 아이들은 나를 더 잘 따라주었고, 신뢰를 돈독히 쌓아나갈 수 있었다. 첫째도 그렇지만 특히 둘째는 미취학이던 7년 동안 어떠한 기관도 다니지 않고 24시간을 함께했으니 그 시간들은 아이와의 교감능력을 키우는데 충분한 시간이었을 것이다. 다행히 함께 교감하며 정서적으로 안정된 관계를 잘 형성한 덕분에 아이들은 초등학교에 입학하여 불안함이나 두려움 없이 자신들만의 네트워크를 잘 형성해 나갈 수 있었다.

　엄마로서 아이들과 교감할 수 있는 기본기를 잘 익히기 위해 노력했던 수많은 시간들은 결국 아이들에게 정서적인 안정과 타인을 위한 공감능력, 사회성, 배려심등을 선물해주었다. 점점 자라면서 아이들의 내면과 외면은 더욱 성장할 거고 성숙되어질 것이다. 사회로 나아가서는 자신들이 키운 마음만큼 타인을 공감하는 능력도 커져 친구와 진정한 우정을 쌓고, 타인과 접촉함에 있어 더 풍요로운 소통이 이루어질 것이리라 믿는다. 이것이 잘 키운 내 아이를 사회에 내보내어 사회의 한 구성원으로서 세상을 따뜻하게 만드는, 부모로서 세상에 환원하는 일 아니겠는가! 이런 의미에서도 엄마노릇을 하는 평범한 일상이 매우 가치 있는 생생한 엄마공부 터전으로 받아들여진다.

　참된 육아를 위한 엄마공부엔 끝이란 것이 없다. 여태껏 해온 공부는 남은 평생 동안에도 이어질 것이다. 아이를 키우는 것은 마라톤 경주와 닮아 있기 때문이다. 곧 사춘기가 다가올 첫째를 위해서도 엄마공부를 멈출 수가 없다. 처음 겪을 우리 아이의 사춘기모습에 혼란스러워하지 않으려면 마음준비를 탄탄히 해야 한다. 그동안의 나원이 모습과 전혀 다른 낯선 아이 모습을 보게 될지도 모르기에 마음 단단히 붙들고, 아이와의 갈등이 생길 경우 현명하게 대처하기 위해서라도 엄마공부를 멈출 수가 없다. 앞으로도 일상이 공부로 채워지게 될 것이다. 그리고 그동안의 쌓은 내공덕분에 앞으로는 훨씬 수월한 육아시간을 보낼 것이리라 믿는다. 사춘기가 오든 안 오든 늘 아이와 소통하려는 부모의 자세가 아이의 행동에 효과적으로 대응하게 될 것이다. 또한 아이의 개성과 변화하는 과정을 자연스럽게 이해하고자 한다. 부디 아이들의 질풍노도의 사춘기가 올지라도 아이들과 내가 가슴 벅찬 성장의 기회가 될 것이리라 믿는다. 나에게 엄마공부를 할 수 있는 특권을 준 소중한 내 아이들에게 무한 감사한 마음이다.

엄마의 자존감

자존감이란 자기 자신이 스스로에 대해 느끼는 마음을 말한다. 자존감이 높을수록 나를 존중하고 사랑하는 마음이 크기 때문에 나는 괜찮은 사람이야 라고 생각하며 어떠한 편견 없이 나를 있는 그대로 인정하고자 한다. 자존감이 중요한 이유는 '인간을 성공으로 이끄는 중요한 마음의 힘'이라는 심리학적 근거에서도 알 수 있다.

우연히 유튜브를 통해 부모 특강 강연을 본 적이 있다. '부모는 아이의 거울이다'란 주제를 다룬 강연이었다. 강연을 한 교수는 자존감에 대해 이야기했고, 부모의 자존감이 아이에게 대물림 된다는 메시지를 전해주었다. 실제 경험을 토대로 한 연구 결과, 아이는 부모의 자존감 수준을 닮아간다는 결과였다. 또 다른 연구에서는 부모와 아이들의 대화방식이 어떤 식으로 이루어지는지 조사하였는데 부모가 낮고 불안한 자존감을 갖고 있는 경우 습관적으로 아이들에게 모욕적인 말을 한다는 연구 결과가 나왔다.

"넌 왜 이것도 못하니?", "그렇게 공부를 못해서 대체 커서 뭐가 되려고 하니?", "또 실수했니? 실수 좀 작작해라. 실수를 하지 않는 것도 능력이야!"라며 아이들에게 서슴없이 비난하고 꾸짖으며 모욕적인 말을 내뱉은 경우 그들의 자녀들 역시 자존감이 낮았다. 결론적으로 부모 개개인의 자존감 수준은 아이의 자존감에 생각보다 많은 영향을 끼친다는 강연 내용이었다.

또한 강연에선 부모의 자존감이 얼마나 탄탄한지 알아보는 질문이 몇 가지 있었다. 그중 첫 번째는 '부모가 자신의 아이를 다른 누군가와 끊임없이 비교를 하는가?'였다. 이것은 부모가 평소에 열등감으로 인해 많이 괴로워하고 있다는 증거였다. 열등감이 높은 부모일수록 옆집 아이 또는 다른 집 아이와 내 아이를 비교하는 습관이 있다고! 내 아이를 온전히 바라보지 못하고 남의 집 아이들과 자주 비교하는 습관이 있는 부모라면, 자기 자신을 타인에 비해 부족하다고 생각하는 마음이 있는 건 아닌지, 자신의 자존감부터 점검해볼 필요가 있다는 것이다. 아이 입장에서도 비교란 유쾌한 일은 아니다. 우리 집 아이들 역시 어쩌다 내가 다른 집 아이들을 칭찬하기라도 하면 엄마는 왜 다른 집 아이와 비교하냐며 퉁명스럽게 말한다. 비교하려고 한건 아니었는데 특별히 '어느 집 아이는 그렇다더라.'라고 얘기했던 것이 아이들 입장에선 마치 자신들과 비교하는 거처럼 들려 기분이 썩 좋지 않았던 모양이다. 그 이후부터는 아이의 친구들이나 다른 집 아이들의 뛰어난 이야기를 할 때는 좀 더 신중을 기한다. 혹시 내 아이는 그러지 않아서 비교하려는 마음이 드는 건 아닌지, 내 마음에 불만이 있는 건 아닌지 생각해보고 아이를 바라보는 내 마음을 먼저 알아차리려 한다. 아이를 통해 내 마음을 바라보는 훈련을 한다.

두 번째는 내 아이에게 평소 짜증을 많이 내거나 불만을 많이 표시하지는 않는지에 대한 질문이었다. 이럴 경우에도 부모의 자존감은 낮은 경우이므로 자신의 자존감을 돌아볼 필요가 있었다. 또, 자신의 가치를 아이의 성적이나 성과로 드러내려고 하지는 않는지도 확인해볼 필요가 있었다. 그것은 내 가치를 나의 일부분인 아이라고 생각하는 결과였고, 이럴 경우 아이가 혹시라도 실패의 경험을 했을 때 내가 실패한 거처럼 동일시화 할 수 있기 때문에 문제가 된다는 거였다. 끝으로 타인에게는 관대하지만 본인이나 아이에게는 엄격하게 구는 부모가 있는데 그럴 경우에도 자존감을 체크해 보아야 한다고 했다.

부모는 매 순간 자신을 돌아볼 필요가 있다. 내 아이의 자존감을 높이려면 부모인 나 자신의 자존감부터 체크해보는 것이 꼭 필요하다. 부모 스스로가 자존감이 높아서 자신을 사랑하고 존중하는 마음이 있고, 자기 자신이 좋은 사람이라는 확신을 갖고 살아야한다. 이럴 때 아이들은 자연스럽게 부모의 모습을 본보기로 삼아 자존감이 높아질 수밖에 없다. 또한 이런 부모 밑에서 자라나는 아이들은 타인의 인정이나 칭찬에 연연하지 않을 뿐더러 비난에도 크게 상처받지 않는다. 어떠한 편견 없이 나 스스로를 인정하며 자유롭게 살아갈 수 있게 된다. 이럴 때 아이가 아이 스스로의 가치를 제대로 발견할 수 있게 되는 것이다.

이런 면에서 엄마의 자존감이 곧 아이의 미래와 행복을 결정짓는 힘이라고 해도 과언이 아니다. 그만큼 아이를 키우는 엄마라면 다른 무엇보다 엄마 자신의 자존감을 돌아보고, 부모 스스로의 자존감이 행복한 아이를 만든다는 사실을 꼭 기억하자.

부모 스스로의 자존감을 챙겼다면, 이번엔 아이의 자존감 형성을 돕는 일에 대해 이야기를 하고자 한다. 자존감이 높게 형성되기 위해서는 아이의 정서적 발달이 중요하다. 엄마와의 탄탄하고 안정적인 애착은 정서발달에 도움을 주고, 자존감 형성에도 굉장히 긍정적인 영향을 끼친다. 엄마가 아이들과 함께 하는 그 시간 자체를 즐거워하는 것은 아이에게 자신은 충분히 사랑받을 가치 있는 존재이고, 소중하게 여겨지고 있다는 것을 몸소 느끼게 하는 일이므로 자존감을 높이는데 매우 중요한 일이 된다. 아이들이 유아시절 나에게 자주 물어봤던 질문이 있다.

"엄마는 세상에서 누가 제일 좋아?"라는 질문이었다. 그때마다 나는 첫째가 질문을 하면 첫째라고 대답했고 물론 그 자리에 둘째는 잠깐 없었다. 또, 둘째가 나에게 질문을 하면 눈치껏 둘째라고 대답을 했다. 물론 그때도 첫째는 잠깐 다른 공간에 있을 때였다. 아이들은 내 대답에 매우 기뻐하면서도 나에게 이렇게 말했다.

"나는 내가 세상에서 제일 좋고, 그 다음에 엄마, 그리고 아빠 그리고 누구누구야.....그런데 엄마는 자기 자신을 제일 첫 번째로 사랑하지 않아? 자신을 가장 사랑해야지~~"두 딸들 모두 항상 자신을 가장 사랑한다며 어린 나이임에도 자기사랑이 대단했다. 이렇게 자존감은 어릴 적 부모와 맺는 관계에 따라 크게 달라진다는 사실을 아이들과의 소소한 대화에서도 느낄 수 있었다.

자존감은 곧 자신을 어떻게 바라보느냐 하는 문제이기도 하다. 자신을 믿는 아이는 자존감 높은 아이로 자라서 행복한 삶을 영위해 나갈 확률이 높다. 그러나 성장 과정에서 부모로부터 인정받지 못하고, 모욕적인 말로 좌절의 마음을 자주 느낀 아이라면 자신에 대한 믿음을 키워 나갈 수가 없다. 스스로 자신이 아주 괜찮은 사람이라는 생각을 키워 나갈 수 없게 되는 것이다. 결국 자존감이 높게 형성되기 어려워진다. 부모의 격려와 지지는 매우 중요하며 이 같은 부모의 믿음 속에서 다양한 성공의 경험을 체험한 아이들은 다른 사람들의 평가에 크게 흔들리지 않고 자신의 삶을 긍정하는 아이로, 내면이 강한 아이로 성장하게 된다. 부모가 아이를 긍정하면 아이도 자신의 삶을 사랑하게 되는 것이다. 결국 엄마는 아이와 좋은 관계를 형성하기 위해 아이들이 어려서부터 잘하는 것을 자주 칭찬해 주고 격려해 주어야 한다. 그 시간이 모여 아이는 내면이 건강하게 자라 아이의 자존감에 뿌리가 되고, 이런 자존감은 아이의 행복과 밀접한 관계가 있다는 사실이 숨어있다.

부모는 아이가 올바른 자존감을 갖고 건강하고 행복하게 살아가길 바란다. 그런 의미에서 아이의 무한한 가치를 늘 일깨워 주는 엄마가 되어야겠다. 매 순간 아이를 소중하고 귀한 인격체로 존중해준다면 아이는 내면에 높은 자존감을 장착하여 더 넓은 세상으로 나아갈 때 그 어떤 초조함과 두려움 없이 자신의 무한한 가치를 발휘하며 살아갈 것이다. 자신의 삶을 긍정하며 자신이 지닌 무한한 잠재능력을 활용하고자 하는데 삶에서 무슨 일인들 못하겠는가! 어릴 때부터 부모가 잘 키워준 자존감이 아이가 자라서 어른이 됐을 때 삶을 더욱 충만하게 한다는 사실을 꼭 기억하길 바란다.

우주적 창조에 동참한 당신, 위대하다

어느 날 저녁을 먹고, 나원이가 가까이 다가와 말한다.

"엄마, 우주는 지구를 감싸고, 엄마는 나랑 나연이를 감싸니까 우주와 엄마는 동일해!"

와우. 느닷없는 나원이의 발언에 정말 깜짝 놀랐다. 만물을 낳는 우주와 아이를 낳고 기르는 엄마를 동일하게 바라보다니! 아이의 생각이 꽤 철학적이기도 하고, 창의적인 발상 같아 남편과 그 순간 서로 동시에 마주보며 입을 다물지 못하고 감탄했었다. 그러다가 속으로 3학년 때부터 주구장창 학습만화책 '내일은 실험왕'을 끼고 살더니 가까이 있는 엄마까지 우주에 견주에 말해주는구나 싶었다.

옆에서 듣고 있던 나연이도 덩달아 말해준다.

"맞아~ 우주도 크고 엄마도 우리한텐 크잖아!"

둘째는 마냥 귀엽다. 눈에 넣어도 아프지 않다는 말은 이럴 때 사용해야 할까? 세상에서 제일 잘한 일은 다시 생각하고 또 생각해봐도 여성만이 할 수 있는 출산이라는 우주적 창조에 동참한 사실과 두 딸을 정성껏 기른 거다. 엄마로서의 내 삶은 아이들로 인해 더없이 풍요롭고 충만하게 느껴진다. 내게 와준 아이들에게 한없이 감사한 마음이다.

아이들 어릴 때는 엄마가 마치 우주와 같은 존재일거다. 지구를 둘러싸고 있는 넓고 넓은 우주처럼 아이에게도 엄마란 존재는 그 자체로 넓고 광활한 우주와 같이 느껴질 것이다. 문득 아이들이 아장 아장 걸어 다닐 때 했던 행동들이 떠오른다. 그 당시엔 내가 하는 모든 행동을 전부다 따라하는 모습을 보였었다. 엄마가 하는 행동은 무엇이든 다 위대해 보이기까지 했는지 둘째 나연이는 어릴 적 나보고 엄마 직업은 요리사냐고 꽤 진지한 표정으로 물었었다. 이유를 물어보니 엄마는 우리에게 맛있는 음식을 해주고, 우리가족을 위해 요리를 자주 하니 직업이 요리사인줄 알았다고 했다. 그러면서 자기도 커서 요리사가 되어 엄마처럼 맛있는 음식을 많이 만들고 싶다했다. 내 요리하는 모습을 전문직으로 봐주어 저절로 미소가 지어졌던 기억이 난다. 아이들에게 엄마로서의 일상의 삶 자체를 인정받는 것 같아 뿌듯했었다.

나원이 말대로 우주는 지구를 낳았고, 모든 만물을 낳았으며 엄마는 아이들을 낳았다.

낳고 감싸주는 것도 닮아있다. 그래서 여성의 창조력은 우주적 창조력에 이미 버금간다. 아이를 낳았다는 이유자체로 엄마로서의 삶은 이미 위대하고 더없이 훌륭하다는 것은 진리다. 자식을 낳아서 정성을 다해 키우는 것은 여성이 누릴 수 있는 가장 큰 행복이기도 하다. 만약 자신의 자아실현을 위해 출산과 양육의 기회를 포기하게 된다면 그것은 안타까운 일이라 생각한다. 아이를 키우며 그 과정 속에서 인생을 배우는 것이야말로 자연의 이치이고, 우주적 창조에 동참하는 위대한 일이 아닐까? 오히려 자아를 출산과 양육전보다 훨씬 성숙하게 발전시켜나가는 큰 원동력이자 지름길이기도 할 것이다.

양육의 가치가 사회에서 제대로 평가받지 못하는 현실이라고 해도, 누구나 하는 일이라는 이유로 그 의미를 과소평가하거나 간과해서는 절대 안 된다. 사회에서 양육의 가치를 종종 홀대하더라도 아이를 키우는 엄마라면 본인 스스로가 위대한 일을 하고 있음을 분명히 인식하고 자각해야 한다. 아이를 양육하는 과정은 그 어떤 일보다 가치 있는 일이고, 창의적인 일이다. 양육의 과정이 아무리 힘들고 버겁더라도 아이를 통해 얻는 기쁨과 행복도 말할 수 없을 만큼 크다. 내 아이의 미래를 위해 육아에 진정으로 힘쓸 가치가 여기에 숨어있다. 아이를 양육하고 가족의 삶과 건강을 챙기며 나의 일상을 소중하게 가꾸어나가는 일보다 더 훌륭한 인생의 선물은 없다는 사실을 늘 기억하자. 이것은 대기업 정규직을 다니며 억대의 연봉을 받는 일보다 훨씬 더 중요하다고 생각한다. 아이의 인생이 달려있으며 아이의 마음에 드러나지 않는 씨앗을 심어주는 매우 중요한 일이기 때문이다.

누구에게나 육아는 처음이기 때문에 어렵고 힘든 것이 사실이다. 그러나 부모도 아이와 일상 속에서 같이 성장해가면 된다. 앞에서도 말했듯이 아이를 이 세상에 태어나게 해준 것만으로도 이미 우주적 창조에 동참한 대단히 훌륭한 일을 해냈기 때문이다. 자신이 출산과 양육을 하고 있는 것에 대단한 자부심을 가지고 한 가정의 최고 경영자가 된 듯 멋지게 잘 일궈나가길 바란다. 그리고 아이와 즐겁게 지내겠다는 마음으로 하루하루 생기 가득하게 살아갔으면 좋겠다. 아이 키우는 것을 즐기라고 말하고 싶다. 아이들과 일상자체를 즐기자. 육아의 결과가 아닌 육아의 과정자체는 시간이 흐를수록 더없이 소중한 추억이 되고 값진 행복으로 남는다. 벌써 초등학교 6학년, 3학년이 된 두 딸들을 보며 절감하는 중이다.

아이들은 엄마 품에서 인생의 여행을 하고자 태어났다. 엄마 손이 간절하던 어느 때를 지나, 아이가 점점 자라남에 따라 스스로 부모로부터 독립하여 사회라는 더 넓은 세상으로 나아갈 수 있게 연결된 끈을 하나씩 덜어내자. 이런 일련의 과정 자체를 밟아 나아가는 엄마로서의 삶은 그 존재자체로 위대하고 충분하다는 생각이 든다.

자연이 봄, 여름, 가을, 겨울의 사계절을 순환하듯, 나도 엄마로서의 사계절을 잘 순환하며 그 과정 자체를 자연스럽게 겪어내고 싶다. 지금껏 아이들의 신생아기와 유아기를 서두르지 않고 천천히 소박하지만 매일의 일상을 소중히 가꾸어 온 덕분에 아동기에 있는 아이들은 자신들의 날개를 펼치며 아주 잘 지내고 있다. 앞으로 다가올 아이들의 청소년기 역시 따뜻하게 소통하며 그 시간을 슬기롭게 잘 건너고 싶다. 건강하고 행복한 하루하루가 모여 아이들과 신뢰는 더욱 쌓여갈 것이고, 아이들 역시 행복하고 건강하게 성장해나갈 것이다. 아이들에게 우주와 같은 존재인 엄마로서의 삶은 이미 그 자체로 의미 깊고 충만하니 무엇을 더 바라겠는가!

이 땅의 모든 엄마들이여, 당신들은 이미 우주에 버금가는 창조력을 지닌 존재들이리라! 부디 매 순간순간 그 자체로 충분함을 잊지 말고, 위대한 엄마로서의 삶을 마음껏 누리며 아이들과의 시간이 축복임을 기억하고 건강하고 행복하게 살기를 바란다.

세상의 모든 엄마들을 응원하며

작년 코로나19 사태로 집에 있는 시간이 길어지면서 아이들로부터 귀에 못이 박힐 정도로 하루에도 수십 번씩 들은 말이 있다.

"사랑해, 엄마!"

아이들은 제스처까지 곁들인다. 양팔을 머리위로 올려서 크게 하트를 만든 뒤 두 발을 동시에 엉덩이에 닿을 만큼 폴짝 뛰면서 리듬감 있게 외치는 거다. 귀엽기도 하면서 엄마를 위한 사랑고백에 웃음이 절로 나온다. 하루에도 수십 번씩 말해주니 몸 둘 바를 모를 정도다. 아이들의 넘치는 사랑에 늘 마냥 고맙기만 하다. 편지와 쪽지도 얼마나 자주 전해주는지 답장을 매번 전해주지 못하는 나로서는 가끔은 미안해진다. 그저 엄마라는 이유로 이렇게 커다란 사랑을 받아도 되는 건지 숙연해지기까지 하다. 아이들은 엄마를 존재 자체로 사랑한다. 엄마가 곁에 있으면 안심하고 엄마 품에 안겨 있기만 해도 엄마 냄새 좋다며 포옥 안긴다. 엄마가 무엇을 꼭 잘하고 잘나서 엄마를 좋아하는 것이 아니라 그냥 우리 엄마라서 최고라고 말해준다. 아이들에게 그만큼 엄마라는 존재는 세상에 하나밖에 없는 우리 엄마다!

아이들 어릴 적엔 고단하고 육체적으로 힘들 때가 많다보니 그 시절이 얼마나 눈부시고 찬란한 시간인지 잘 모르고 살아간다. 시간이 천천히 지나가길 바라는 마음보단 하루빨리 아이들이 자라서 자기 스스로 혼자 할 수 있는 일이 많아지길 바라는 마음이 더 클 때도 많다. 나 역시도 세 살 터울인 두 딸들 유아시절엔 몸이 두 개라도 모자랄 만큼 분주하고 정신없다 보니 그런 마음이 들 때가 종종 있었다. 어린 두 딸들이 서로 싸우고 울며불며 집안을 쑥대밭으로 만들기라도 하는 날엔 첫째가 조금 더 자라면 동생을 더 배려해주겠지, 둘째가 좀 더 크면 언니를 잘 따르겠지 하고 아이들이 얼른 커서 서로 잘 지내기를 간절히 바랐다.

그랬던 나와 달리 아이들 어릴 때 놀이터에 데리고 나가면 나이 지긋한 어르신들한테 제일 많이 들었던 말은 다름 아닌 "그때가 가장 예쁠 때야. 그때가 엄마도 가장 행복할 때지."였다. 그분들도 아마 아이들 어릴 땐 육아의 무게에 짓눌려 미처 깨닫지 못하다 이제야 깨달은 거 아닐까. 어릴 때야말로 부모에게 최고로 많은 웃음과 행복을 안겨주는 시기임을 말이다.

육아하는 동안 고단하고 힘들기도 했지만, 그 사이 우리 아이들의 하루하루를 지켜보면서 배운 것이 있다. 아이들은 엄마의 사랑을 먹고 자라는구나. 확실히 아이는 엄마가 주는 사랑만큼 자라고, 엄마가 보여주는 세상

만큼 자란다. 엄마를 통해서 많은 것을 느끼고, 배움에 대한 생각도 형성된다는 것을 알게 되었다. 즉, 사랑의 형태를 갖춘 육아는 다른 어떤 일보다 중요한 일이었다. 그러다보니 "어떻게 하면 아이들의 소중한 일상을 망치지 않고 가치 있게 보낼 수 있을지.", "아이들 각자 지니고 있는 고유한 빛을 흐리지 않고, 더욱 빛날 수 있게 도와줄 수 있을까.", "두 아이들의 행복을 위해 엄마로서 할 수 있는 일은 과연 무엇 일지."를 궁리와 염두에 두고 살았다. 그것을 찾기 위해 아이들이 무엇을 할 때 가장 많이 웃고, 가장 행복해하는지 그리고 무엇을 할 때 가장 집중하고, 관심 갖는지를 유심히 들여다보고 관찰하게 된 것이다. 아이를 사랑한다면 자세히 들여다보고 관찰해야 한다.

아이들은 엄마 아빠와 많은 시간을 함께 보내는 것에 제일 기뻐했고, 엄마 아빠와 놀 때 가장 행복해했다. 유아시절과 아동기에는 부모가 아이와 함께 놀아주면서 호기심과 창의력을 촉발시키고, 엄마 아빠를 통해 일상을 영위하는 모습을 관찰하게 함으로써 삶의 경이로움을 일깨워 줄 필요성이 있다는 말이 사실이었다. 엄마 아빠와 노는 것을 제일 좋아하는 아이들은 놀이를 통해서 쑥쑥 자랐다. 장난도 치고, 친구처럼 지내며 소소한 이야기도 조잘대다보니 서로 신뢰도 쌓이고, 웃을 일도 엄청 많아서 참 좋았다. 아이들은 엄마의 사랑뿐 아니라 엄마와의 시간을 먹고 자란다는 사실도 깨달았다.

특히 내가 아이들을 키우며 신경 쓴 것은 안정된 정서발달과 세 끼 밥을 정성껏 차려주는 일이었다. 많은 육아서적을 통해 만3세까지는 아이의 안정된 정서발달이 무엇보다 중요하다는 것을 익히 알고 있었다. 그러나 첫아이를 통해 정서안정은 꼭 만3세까지만이 아니라 학교에 입학하기 전인 유치시절까지도 엄마가 신경써준다면 아이의 안정된 정서발달에 더욱 긍정적인 효과를 나타낸다는 걸 경험상 알게 되었다. 그래서 둘째를 7살까지 기관에 보내지 않고, 데리고 있었다.

엄마의 따뜻한 손길이 필요한 유아시절 정성껏 아이를 보살피는 행위는 그 무엇보다도 가치 있고 중요하다. 평소 부모가 아이에게 잘 웃어주고, 스킨십을 나누며 아이를 소중한 인격체로 대하면 아이는 엄마와 신뢰를 쌓고 정서적 안정 속에서 편안하게 잘 자란다. 마음이 편안해야 배우는 모든 것에도 깊이 있는 호기심을 갖고 배워나갈 수 있다. 정서적 애착이 잘 형성된 아이는 성장하면서 지적인 탐구도 더 깊게 해나갈 것이다. 학령기가 되어 생활하는 두 딸을 보며 몸소 확인했다. 어릴 적부터 아이와 신뢰를 쌓고 존중하며 몸도 마음도 건강하게 자랄 수 있도록 세심하게 아이를 보살피는 일은 훗날 아이가 자존감 높고, 타인을 배려하고 협력하는 열린 마음을 가진 사람으로 성장하게 된다는 사실을 잊지 않았으면 좋겠다.

안전한 먹거리에 있어서도 마찬가지다. 먹을 것이 넘쳐나는 시대지만 소박하지만 정성 들여 세끼 밥을 차려주는 일은 엄마로서 나의 본분이기도 했다. "엄마가 해주는 밥이 제일 맛있어."라는 말은 언제나 듣기 좋았다. 가족이 둘러앉아 식사를 하면서 한가롭게 대화를 나누는 것은 내가 매우 중요하게 여기는 일상이다. 밥을 먹으면서 아이들과 나누는 대화시간은 소통의 장이기도 하고, 끈끈한 관계의 장이기도 하다. 자녀와 함께 하는 시간을 자주 만들며 대화에 참여시킴으로서 사람이 함께 지내는 것을 배우게 하고, 그 자리에서 자신을 드러내는 법도 배우게 했더니 아이는 나날이 성장해갔다. 이것은 아이가 살아가는데 꼭 필요한 공부이다. 그저 모여서 어울리는 법을 배우는 것. 이것이 가정교육의 핵심이지 않을까.

엄마 노릇을 10년 넘게 하다 보니 아이들 입에서 "다시 태어나도 엄마 딸로 태어날 거야."라고 말할 때마다 감격스럽기도 하고, 나름대로 엄마 노릇에 애썼던 시간들이 머릿속에 스쳐 지나간다. 아이를 키우는 일을 어렵게 생각하면 한없이 어렵고 힘들게 느껴질 수 있다. 그러나 마음을 바꿔 쉽게 생각하면 그만큼 한없이 쉬운 일일수도 있다. 나도 초보엄마 시절에는 내 아이를 어떻게 길러야지라고 내가 바라는 어떠한 상을 갖고 육아를 했었다. 그러나 그것은 결코 아이의 행복을 위해서 부질없는 일임을 깨닫게 되었다. 그저 아이가 지닌 고운 빛깔을 그대로 키워주자는 소박한 엄마의 마음이면 이미 충분하다.

엄마의 열린 마음이 자녀의 행복으로 이어진다. 그런 마음으로 아이들과 10년 넘게 지내다 보니 부모와 자녀의 행복한 인간관계로까지 발전할 수 있었다. 아이의 고운 빛깔, 그리고 엄마의 열린 마음이면 충분하다. 이것은 누구나 할 수 있는 행복한 가정 만들기이고, 나아가 프로엄마 되는 지혜의 길이기도 하다. 나만의 엄마노릇을 해내는 것도 창의적인 거라고 했다. 어디서도 창의성을 제일이라고 말하는 요즘 부디 엄마도 아이도 모두 건강하고 행복하고 마음 편안해지기를, 그렇게 육아가 달콤해지기를 진심으로 희망한다. 기꺼운 마음으로 육아 본래의 즐거움을 마음껏 만끽하길 바라며, 이 땅의 모든 엄마들을 힘차게 응원한다.

감사의 글

엄마인 나에게도 엄마가 있다.

내가 나원이, 나연이 두 딸의 엄마가 되고, 아이들을 키우는 내내 신기했던 점은 우리 엄마가 나를 키워 준 모습이 자꾸 오버랩 되었던 점이다.

나는 학창시절 내내 엄마에게 공부하라는 말을 들어본 기억이 없다. 오히려 시험기간 때 늦게까지 공부하는 내 모습을 보시면 얼른 불 끄고 자야 시험을 더 잘 볼 수 있는 법이라며 잠을 권하시기 바쁘셨다. 고등학교는 여고를 다녔는데 친한 친구들이 꽤 많았음에도 내가 제일 친한 상대는 우리 엄마였다. 친구간의 문제가 생겨도 난 엄마에게 제일 먼저 털어놓았고, 그 때마다 엄마는 내 얘기를 열심히 들어주시며 내 입장을 충분히 이해해 주셨다. 성인이 되어 사회생활을 하면서도 엄마는 늘 나의 제일 친한 친구처럼 느껴졌다. 이런 고마운 엄마를 내가 어릴 적 너무 크게 놀라게 한 사건이 하나 있다.

내가 3살 때였는지 그 이후였는지 난 전혀 기억이 나지 않는다. 다만 부모님과 언니들의 증언으로 그맘때였다고 들어서 추측할 뿐이다. 내가 식구들을 깜짝 놀라게 해서 우리가족의 역사로 남은 대사건이 있다. 그것은 나의 불장난 이었다. 일요일 온 가족이 쉬고 있던 평화로운 주말. 엄마는 빨래를 하고 있었고, 아빠는 씻고 있었다고 한다. 언니들도 각자 자기 일을 하던 사이 호기심 많았던 어린 나는 안방에서 놀 거리를 찾고 있었나 보다. 방안에 무심히 배치된 성냥갑에 강한 호기심을 느꼈던 세 살 꼬맹이 였던 나! 평소 아빠가 방 모퉁이에 놓아두었던 성냥갑을 발견하고 호기심에 사로잡혀 그것을 장난감인 냥 만진 것이 화근이었다. 관찰력도 뛰어났나보다. 아빠가 성냥 켜는 모습을 평소에 눈여겨보았다가 겁 없이 성냥 한 개비를 뽑아 불을 붙였던 그 찰나의 순간.

아뿔싸! 불은 순식간에 번져 타올랐다고 한다.

나를 발견한 언니들 중 한명이 젤 먼저 "불이야!"라고 외쳤고, 엄마랑 아빠는 그 소리에 부리나케 뛰어 들어와 불속에서 아무것도 못하고 있던 어린 나부터 안아 올린 후, 보이는 옷가지들로 세게 두들겨가며 잽싸게 불을 껐다고 한다. 불은 다행히 얼른 잠재울 수 있었지만 어린 나는 순식간에 타오른 불로 인해 머리카락과 얼굴을 심하게 데였고, 엄마 아빠는 나를 등에 업고 병원으로 곧장 달려갔다고 했다.

엄마 말로는 내 얼굴이 이마며 눈 아래 볼 부분이며 할 것 없이 입 주변만 빼고는 온통 빨갛게 불에 데여 그 모습을 보는데 말도 못할 정도로 가슴 아프셨다고 한다. 방금 전까지만 해도 하얗고 뽀얀 막내딸 얼굴이 순식간에 여기저기 빨갛게 달아올라 있으니 엄마 마음이 얼마나 걱정스러웠을지 짐작조차 어렵다. 혹여 자라서도 화상흉터가 딸의 얼굴에 남을까봐 매일같이 걱정하셨단다. 그래서인지 밥도 제대로 못 먹고, 나를 업고 하루도 안 빠지고 열심히 병원에 다니셨다고 했다. 어느 날은 병원에 갔는데 다른 환자로부터 종로3가에 있는 약국에 가면 효능 좋은 화상연고가 있으니 꼭 애기 데리고 가보라는 추천을 받았다고 한다. 엄마는 그 얘기를 듣자마자 하늘이 무너져도 솟아날 구멍이 있구나싶어 너무 기쁘셨다고! 막내 딸 얼굴에 흉이라도 남을까봐 조마조마했는데 한줄기의 희망처럼 그 얘기가 들렸다고. 그 날부터 엄마는 나를 등에 업고 매일같이 종로3가에 있는 약국에 가서 얼굴 전체를 소독하고 연고를 사서 발라주었다고 한다.

그 당시 우리 집에서 종로3가까지는 버스로 한시간정도 걸리는 거리였다. 엄마는 그렇게 지극정성으로 나를 등에 업고 힘든 줄도 모른 채 왕복 2시간거리를 매일매일 다니셨던 거다. 어린 딸을 등에 업고 먼 길 왔다갔다 다니며 내 치료에 온 정성으로 애써준 엄마 덕분에 한 달쯤 되었을 때부터 내 얼굴에서 화상 흉터가 조금씩 사라졌다고 한다. 엄마의 사랑 덕분에 지금의 내 얼굴에선 한 군데의 화상 흉터도 찾아볼 수 없다. 자라면서 부모님이나 언니들이 내가 불을 냈었다고 이야기를 하면 흉터자국 하나 없는 얼굴덕분에 전혀 믿기지가 않았다.

엄마는 내가 성장하는 내내 가끔씩 그때 일을 떠올리며 아찔했던 그 순간을 되새기셨다. 지금은 30년도 더 지난 일이지만, 엄마 입에서 그 얘기가 나올 땐 여전히 긴박했던 그 찰나가 느껴진다. 아주 어렸을 때 본의 아니게 엄마를 그렇게 가슴 철렁 하게했던 나. 나도 엄마가 되고 보니 그 당시 우리 엄마 얼마나 마음 졸이셨을까 죄송스럽고, 정말 감사하다.

그때는 젊었으니까 그렇게 업고 하루도 안 빠지고 매일같이 다니셨지. 지금이라면 그러기도 힘들만큼 어느 새 나이 드신 우리 엄마. 그래도 여전히 자식사랑은 끝도 없으시다.

작년 내 생일 이틀전날 엄마는 빨간 안시리움을 품에 안고 우리집에 와주셨다. 현관문을 열고 새빨간 꽃을 안고 오신 엄마를 보자마자 "너무 고마워 엄마, 사랑해 엄마!"하며 엄마를 꼭 안아드렸다.

엄마의 가방 속에서는 엄마표 정성 가득한 반찬과 음식이 끊임없이 쏟아져 나온다. 제발 좀 가볍게 다니시라고 해도 막내딸의 말을 귓등으로도 안 들으시는 듯하다. 엄마의 고집도 내 황소고집 못지않다. 내 황소고집의 뿌리가 아마도 우리 엄마였나 보다.

엄마는 직접 담근 포도주 한 병을 꺼내며 우리 막내딸 축하해 주려고 가져오셨단다. 역시나 감동이다. 초에 불을 켜고 엄마와 우리 딸들이 불러주는 생일 축하 노래를 들으며 마음속으로 소원을 빌어본다.

'낼 모레면 팔순이신 우리 엄마. 부디 아픈 데 없이 건강하게 오래오래 제 곁에 계셔주세요.'라고.

엄마가 집으로 가신 후, 엄마가 생일편지로 써주신 두 장의 손 편지에 내 마음 또 울컥해진다. 딸들에게 늘 무한 사랑을 안겨주시는 우리 엄마. 엄마라는 존재는 안식처이자 사랑의 화신이시다.

엄마가 된 내가 우리 엄마를 생각해 본다. 책을 쓰며 다시금 떠올리게 된 우리 엄마.

어릴 적 엄마의 헌신과 간절한 마음덕분에 난 흉터 없이 깨끗한 얼굴로 자라날 수 있었고, 학창시절 언제나 편안하고 따뜻한 친구처럼 다정하게 대해주셔서 늘 든든했었다. 엄마의 사랑은 항상 나에게 넘치고 과분한 사랑이다. 당신의 모든 걸 아낌없이 다 주고도 뒤돌아서서 더 줄 것 없나 살피시는 우리 엄마. 이 세상 무엇과도 비교할 수 없는 엄마의 마음이다.

엄마는 어릴 적 나의 하늘이었고, 우주였다. 그러다 점점 자라면서 결혼을 하고, 내 자식을 낳아보니 엄마에게 받은 무한한 사랑이 내 자식들에게로 자연스럽게 흘러간다. 물이 높은 곳에서 낮은 곳으로 흘러가듯 사랑도 내리사랑으로 흐르는 것이 자연스러운 이치일까? 지금 내 곁에는 나를 자신들의 하늘이요, 우주로 생각하는 두 딸들이 커가고 있다. 나는 우리 아이들이 나에게 보여주는 무한한 치사랑을 경험하며 내 부모를 향한 사랑 역시 쪼그라들지 않게 되살리고 싶다. 치사랑과 내리사랑. 이 사이에서 어느 것 하나 과함 없이 균형으로 사랑하고 싶다. 어릴 적 엄마를 놀래 켰던 마음을 두고두고 보상하듯, 엄마 마음이 늘 평안하고 충만할 수 있도록 도와드리고 싶다. 이 책을 쓰며 든 또 하나의 바람이다.

에피소드
딸아이가 바라본 시선

어제 오늘 설레는 마음으로 그동안 쓴 초고를 출판사 몇 군데에 투고했다. 맨땅에 헤딩하듯 처음 하는 경험이라 들뜨고 긴장되는 감정을 감추려고 해도 잘 되지 않았다. 평소보다 눈을 더 부릅뜨고 이메일 주소란에 출판사 이메일 주소를 한 글자 한 글자 입력하는 내내 손은 떨고 있었다. 정확하게 보내려고 다시 확인하고, 또 확인하며 발송 버튼을 누르기 직전까지 거듭 확인했다. 그러다보니 속도가 거북이 기어가듯 굼뜰 수밖에 없었다. 나름 출간하고 싶은 욕심나는 출판사 몇 군데에 더욱 정성을 쏟으려는 마음도 달팽이 움찔거리는 속도에 한몫했다.

내 이런 모습을 언제 지켜보고 있었는지 첫째가 일기장에 나의 투고하는 모습을 그대로 적어놓은걸 우연히 보았다. 나원이 글에 나도 모르게 웃음이 빵 터졌다.

내용인 즉,

"엄마가 드디어 엄마의 초고를 출판사에 봐달라고 메일을 보냈다. 근데 여기서 포인트는 엄마가 아직 이름도 알려지지 않았는데, 엄마는 처음으로 쓰는 책인데도 불구하고, 큰 대형 출판사에 보냈다는 사실이다."

아, 완전 이 부분을 읽는데 너무 웃겨서 배꼽이 달아나지 않게 꼭 잡고 웃었다. 나원이가 생각해도 아무리 우주와 같은 엄마라 해도 처음 쓴 원고를 대형 출판사에 보냈다는 사실이 의아하고 납득이 잘 되지 않았나보다.

짜식. 어제, 오늘 계속 날 졸졸 따라다니며 어디어디 출판사에 보냈냐고 묻던데 다 나를 떠보려고 그랬나보다. 하긴, 평소 책을 가까이하는 녀석이라 이름만 들으면 알만한 출판사는 녀석도 대충 알고 있는 눈치다.

딸아이의 재미있는 속마음은 계속 이어졌다.

"그것도 4군데 큰 출판사에!!" 라고 써놓은 사실. 마지막 문구에서 난 쓰러졌다.

"아이고 웃겨라." 라며 엄마를 비웃는 건지 도저히 알 수 없는 녀석의 마음에 웃기고 배꼽 빠지면서도 은근히 요 녀석 이 엄마를 무시하나싶어 일기를 보자마자

"너 지금 이 엄마 무시해?"라고 한방 날렸다. 그랬더니 깔깔깔깔깔깔 웃기만 한다.

응원은커녕 대형출판사에 초고를 보냈다고 의아해하며 자신의 일기장에 쓴 딸아이가 재미있으면서도, 언제 이렇게 자랐나 싶어 딸을 멀뚱멀뚱 한참동안 바라봤다.

"나원아, 엄마가 메일 보낸 출판사에서 연락이 올까?" 난 조심스레 물어

보았다.

"엄마가 쓴 초고를 알아봐준 출판사는 바로 연락하겠지 뭐."나원이는 당당하게 말한다. 나원이 말에 힘이 불끈 솟는다.

그래도 고마운 점은 어제 투고한다고 "아침은 너희가 차려줘~" 한마디 던졌을 뿐인데 두 녀석 바로 앞치마를 두르고, 가스불 앞에서 두부도 부치고 호박전도 해가며 자기들끼리 분주했었다. 김치까지 꺼내어 접시에 두부김치를 예쁘게 담아낸 둘째와 호박을 별 모양으로 썰어가며 밀가루 묻히고 계란에 담가 토실토실 호박부침을 잘도 부쳐낸 첫째였다. 두 녀석 덕분에 어제 아침은 밥이 들어가자마자 입에서 사르르 녹아내리듯 꿀맛이었다. 아이들의 예쁜 마음과 정성이 고스란히 담겨서 그랬나 보다.

나원이의 일기장을 보니 끝에 추신이라는 부분에 '그래서 나랑 나연이가 밥함!'이라고 적혀 있다. 엄마의 투고 작업으로 인해 자기들끼리 밥한 사실까지 추신에 있는 그대로 담아낸 딸.

나원이의 솔직한 마음과 글에 유쾌함이 가득해서 보는 내내 엔돌핀이 마구 샘솟았다. 우리 유쾌한 나원이 앞에서 보다 당당한 엄마의 모습으로 자랑스럽게 서기 위해서라도 투고한 출판사에서 부디 달콤한 소식이 들려오길 바란다. 또한, 출판계에 이제 막 입문해 좌충우돌하는 엄마를 위해 친구처럼 훌쩍 자란 나원이가 꾸준히 응원해주고 격려해 줄 것이라 믿는다.

내 생애 최고의 시간, 엄마를 시작합니다
전업맘의 집중 육아

초판 1쇄 발행 | 2021년 11월 24일

지은이 | 백선주
펴낸이 | 김지연
펴낸곳 | 마음세상

주 소 | 경기도 파주시 한빛로 70 515-501

신고번호 | 제406-2011-000024호
신고일자 | 2011년 3월 7일

ISBN | 979-11-5636-465-8 (03590)

ⓒ백선주, 2021

원고투고 | maumsesang2@nate.com

* 값 13,300원

* 마음세상은 삶의 감동을 이끌어내는 진솔한 책을 발간하고 있습
니다. 참신한 원고가 준비되셨다면 망설이지 마시고 연락주세요.